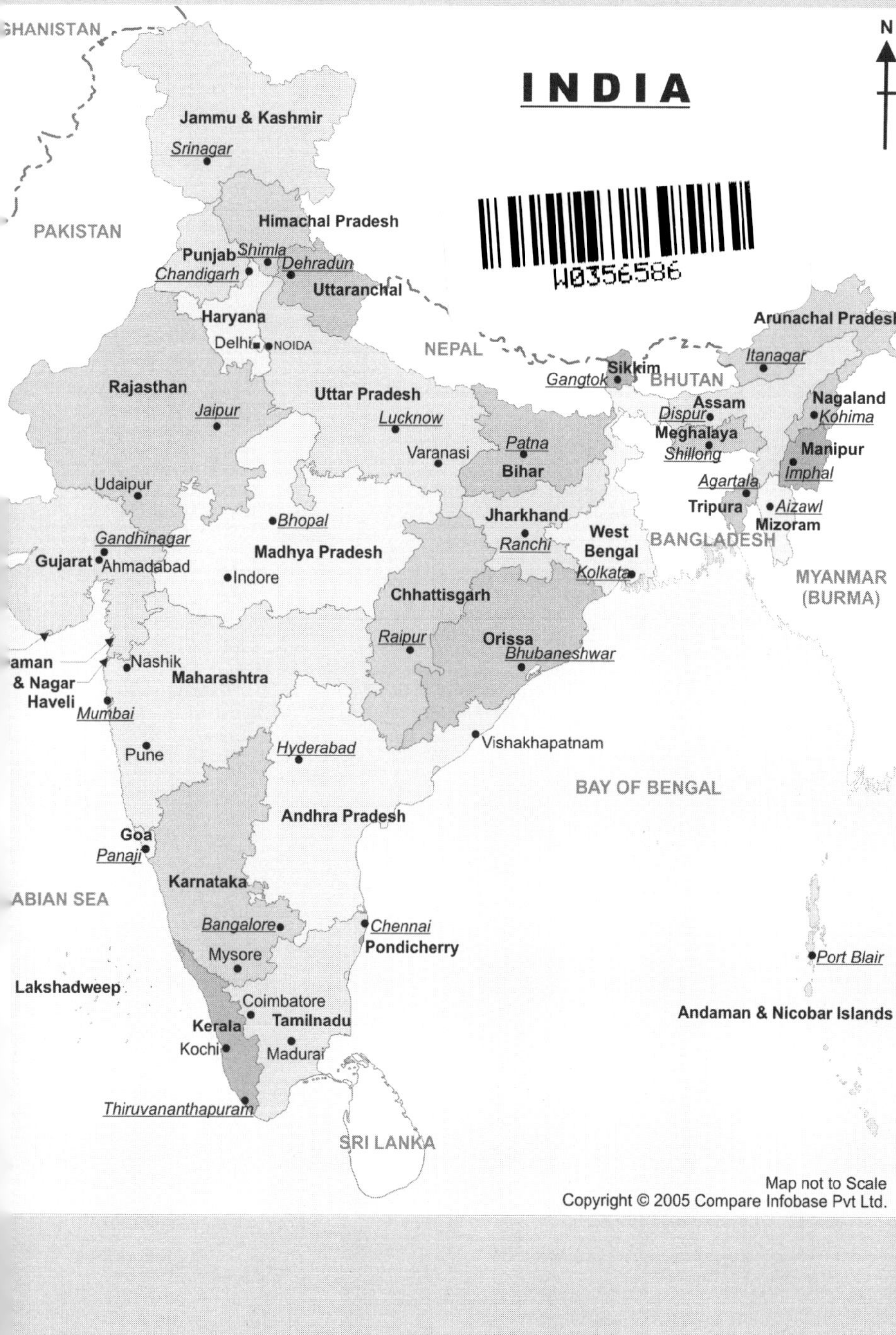
INDIA
N
GHANISTAN
PAKISTAN
Jammu & Kashmir
Srinagar
Himachal Pradesh
Punjab
Shimla
Chandigarh
Dehradun
Uttaranchal
Haryana
Delhi
NOIDA
NEPAL
Sikkim
Gangtok
BHUTAN
Arunachal Pradesh
Itanagar
Rajasthan
Jaipur
Uttar Pradesh
Lucknow
Varanasi
Patna
Bihar
Assam
Dispur
Meghalaya
Shillong
Nagaland
Kohima
Manipur
Imphal
Agartala
Tripura
Aizawl
Mizoram
Udaipur
Bhopal
Jharkhand
Ranchi
West
Bengal
Kolkata
BANGLADESH
Gandhinagar
Gujarat
Ahmadabad
Madhya Pradesh
Indore
Chhattisgarh
Raipur
Orissa
Bhubaneshwar
MYANMAR
(BURMA)
aman
& Nagar
Haveli
Nashik
Maharashtra
Mumbai
Pune
Hyderabad
Vishakhapatnam
BAY OF BENGAL
Andhra Pradesh
Goa
Panaji
ABIAN SEA
Karnataka
Bangalore
Chennai
Pondicherry
Mysore
Port Blair
Lakshadweep
Coimbatore
Tamilnadu
Kerala
Kochi
Madurai
Andaman & Nicobar Islands
Thiruvananthapuram
SRI LANKA
Map not to Scale
Copyright © 2005 Compare Infobase Pvt Ltd.

Petra Mehl-Lammens *Geschäftserfolg Indien*

Petra Mehl-Lammens

Geschäftserfolg Indien

Der Business-Guide für den indischen Subkontinent

orell füssli Verlag AG

Umschlagabbildung: Keystone (Rajesh Kumar Singh)
Umschlaggestaltung: Andreas Zollinger, Zürich
Druck: fgb • freiburger graphische betriebe, Freiburg i. Brsg.
Printed in Germany

ISBN 3-280-05155-X
ISBN 978-3-280-05155-9

Bibliografische Information der Deutschen Bibliothek:
Die Deutsche Bibliothek verzeichnet diese Publikation in der Deutschen Nationalbibliografie; detaillierte bibliografische Daten sind im Internet über http://dnb.ddb.de abrufbar.

Inhalt

Das Land

Daten über Indien

Einwohner: rund 1,1 Milliarden (nach der Bevölkerungszahl zweitgrößter Staat der Erde)

Währung: 52 INR (Rupien) = 1 € (11/05)

BIP pro Kopf: 2670 Dollar

Landesfläche: 3 287 000 Quadratkilometer (siebtgrößtes Land)

Hauptstadt: Neu-Delhi

Amtssprachen: Hindi und Englisch plus 21 anerkannte Sprachen

Wirtschaftswachstum: 7,5 Prozent (2004)

Bildung: Hohes Analphabetentum (Männer 24,2 Prozent, Frauen 45,8 Prozent)

Lebenserwartung: Männer durchschnittlich 63 Jahre, Frauen 64.

Bevölkerungszusammensetzung

Die Bevölkerung besteht zu 72 Prozent aus der Indo-Arien-Gruppe, zu 25 Prozent aus den Ursprungsindern (Dravidaner) und zu 3 Prozent aus der mongolischen Gruppe und anderen.

Demografie

2002 lebten 25 Prozent unter der Armutsgrenze (Unesco). Das Bevölkerungswachstum liegt bei 1,4 Prozent (2005), das sind circa 13 Millionen Menschen. Die Kindersterblichkeit lag 2004 bei noch relativ hohen 5,6 Prozent.

Dem gegenüber steht jedoch eine Lebenserwartung von durchschnittlich 63 Jahren bei Männern und 64 bei Frauen im Jahre 2000. Im Vergleich zu Deutschland ist diese zwar geringer (Männer haben eine Lebenserwartung von 75, Frauen von 81 Jahren), innerhalb der letzten rund dreissig Jahre hat in Indien jedoch eine Steigerung der Lebenserwartung um etwa zwanzig Lebensjahre stattgefunden.

Religion

Indiens Bevölkerung teilt sich auf in 80,5 Prozent Hindus, 13,4 Prozent Moslems, 2,34 Prozent Christen, 1,9 Prozent Sikhs, 1 Prozent Buddhisten, 0,5 Prozent Jains, etwa 200 000 Parsen (Parsis) und etwa 10 000 Juden.

Städte

Im Jahr 2000 lebten etwa 28 Prozent der Bevölkerung in Städten. Zu den größten Städten Indiens zählen: Mumbai (früher Bombay) mit etwa 16 368 000, Kolkata (früher Kalkutta) mit etwa 13 217 000, Delhi mit etwa 12 791 000, Chennai (früher Madras) mit etwa 6 425 000, Bangalore mit etwa 5 687 000, Hyderabad mit etwa 5 534 000 und Ahmedabad mit etwa 4 519 000 Einwohnern (Census 2001).

Politik und Geschichte seit 1947

Nach der Unabhängigkeit von der Kolonialmacht Großbritanniens in der Nacht vom 14. auf den 15.8.1947 entstanden die Staaten Indien, damals mit 340 Millionen Einwohnern und Pakistan mit einer Bevölkerung von 70 Millionen. Diese Spaltung in eine souveräne, sozialistische, sekuläre, demokratische Republik Indien (26. 11. 1949) und einen muslimischen Staat Pakistan ging von den Muslimen aus und ist wegen des Anspruches beider Länder auf Kaschmir bis heute ein politischer Dauerkonflikt. Indien besteht aus 28 Bundesländern (States), die über eine regionale Regierung mit Chiefminister verfügt und sieben Unionsterritorien, die von der Zentralregierung verwaltet werden.

Die Zeit zwischen 1950 und 1977 war von der Politik der Blockfreiheit geprägt, die Premierminister Nehru mit initiiert hatte. Das Ziel der Blockfreien-Bewegung, das außer Indien auch Indonesien, Ägypten und Jugoslawien verfolgten, war die Unabhängigkeit der Länder vom Ostblock und von den westlichen Ländern während des Ost-West-Konflikts.

Innenpolitisch stand in diesen knapp drei Dekaden der Aufbau der Industrie und die Bekämpfung der Armut in den ländlichen Gebieten im Mittelpunkt. Sozialistische Grundzüge der indischen Politik spiegeln sich in der Verstaatlichung der Banken im Jahre 1969 wider. Diese Politik wurde in der Amtszeit Indira Gandhis betrieben, die 1977 abgewählt wurde, bei den Wahlen 1980 jedoch wieder die Mehrheit gewann.

Die 1980er- und 90er-Jahre waren aufgrund militanter Bewegungen der Sikhs und religiös-ethnischer Probleme innenpolitisch instabil. Die ungelöste Kaschmir-Frage belastete das Verhältnis zu Pakistan weiterhin. Nach der Ermordung Indira Gandhis (1984) und ihres Sohnes (1991), der ihr in das Amt des Premierministers gefolgt war, begann innenpolitisch eine Phase der wirtschaftlichen Reformen.

Seit 2004 bemüht sich Indien jedoch um eine Entspannung im Verhältnis zu Pakistan.

Wirtschaftswachstum

Seit der Öffnung 1991, an der der damalige Finanzminister und heutige Premier Manmohan Singh maßgeblich beteiligt war, verzeichnet Indien ein rasantes Wirtschaftswachstum mit Wachtumsraten von fünf bis acht Prozent. Der sekundäre und tertiäre Sektor legten in den letzten Jahren stark zu. Der Dienstleistungsbereich trägt inzwischen über 50 Prozent zum BIP bei. Durch Outsourcing nicht nur der IT-Industrie, sondern auch von Callcenter und Abwicklungs- und Abrechnungsprozessen werden ganze Administrationszweige nach Indien verlagert. Diese erstaunliche Steigerung des Wachstums hängt vor allem mit der Öffnung des indischen Marktes für ausländische Investoren zusammen sowie mit der Senkung der Einfuhrzölle und dem Abbau der staatlichen Kontrolle über die Privatwirtschaft. Seit 1995 ist auch der Indische Rupie INR relativ stabil geblieben.

Parteien

Indien ist eine Mehrparteiendemokratie und hat eine Koalitionsregierung. Die stärkste Partei, die Congress Party, stellt den Premierminister Manmohan Singh, er ist nicht der erste Sikh als Premier, aber der erste mit Turban. Die Sitze des Parlament teilen sich auf folgende Parteien auf: Congress (INC, Indischer Nationalkongress): 145 Sitze, 1885 gegründet und politische Vertretung der Unabhängigkeitsbewegung; BjP: 138 Sitze (Bharatiya Janata Party, die hinduistische Volkspartei mit hindunationalistischer Ausrichtung); CPIM: 43 Sitze (Communist Party of India-Marxist, gegründet 1964, prochinesisch); CPI: 10 Sitze (Communist Party of India, gegründet 1920).

Vorwort

Indien ist der kommende Markt. Das Marktpotenzial ist unvorstellbar: über eine Milliarde Einwohner! Die Marktfläche so groß wie die komplette EU. Mit einem Bevölkerungswachstum von 1,4 Prozent (2005) noch schneller wachsend als China (0,6 Prozent). Ein Wirtschaftswachstum alleine 2005 von rund 7,5 Prozent, die Industrie allein 11,3 Prozent (NZZ vom 4.10.2005). Das Land hat exzellent ausgebildete Arbeitskräfte und niedrige Lohnkosten. Und vor allem: wenig erschlossene Märkte, geschweige denn wie in Europa saturiert, schrumpfend oder wie in China überhitzt.

Exportscouts und Trendgurus sind sich einig: Indien wird der kommende Markt, die nächste Boomregion für expansionsfreudige Manager, eine Chance für den gebeutelten Mittelstand. Die Sache hat – Sie ahnen es – nur einen Haken: Während bereits viele europäische Unternehmen in China investieren, haben vor Indien selbst hartgesottene Manager insgeheim Bammel. Indien ist schwierig, mysteriös, rätselhaft.

Die indischen Märkte versprechen ein geradezu traumhaftes Potenzial – doch dessen Erschließung macht europäischen Managern bislang noch Probleme. Auch deshalb, weil Indien bekanntermaßen starke Wirtschaftsbeziehungen zu Russland hatte, im Staatssozialismus lebte und bis Anfang der 90er-Jahre in geschlossenen Märkten wirtschaftete. Deshalb haben sich an den indischen Markt bislang nur wenige westliche Manager herangetraut. Dass Indien sich in der Zwischenzeit dank Marktöffnung und Reformen klammheimlich zur Business-Perle entwickelt hat, haben nur wenige Westmanager mitbekommen – zum Beispiel Manager aus dem IT-Bereich, die hautnah miterleben durften, wie Indien in den letzten Jahren von Bangalore aus den Weltmarkt aufgerollt hat.

Aber das ist die Ausnahme. Westliche Geschäftsleute kommen mit der indischen Mentalität nicht klar. Gerade Manager im deutschsprachigen Raum haben große Probleme mit der Art und Weise, wie in Indien Geschäfte gemacht werden, wie die Bürokratie selbst in kleine Geschäftsvorgänge hineinregiert, dass die Mentalität indischer Mitarbeiter vielfach extrem schwer zu verstehen ist. Viele Geschäftsleute und Mitglieder von europäisch-indischen Projektteams reagieren ratlos, wenn sie im Alltag mit der indischen Mentalität konfrontiert werden.

Das ist natürlich nicht nur ein Vorurteil und hat reale Hintergründe. Der langanhaltende Unabhängigkeitskampf Indiens, die Trennung von Pakistan, die kriegerischen Auseinandersetzungen mit China und religiöse Unruhen sind in Europa natürlich nicht unbeobachtet geblieben.

Und doch wage ich die Behauptung, dass der indische Subkontinent im deutschsprachigen Raum einseitig wahrgenommen wird. Bisher werden vorwiegend seine Pobleme und nicht seine Möglichkeiten und Chancen betrachtet.

Seit 15 Jahren arbeite ich im deutschsprachigen Raum als Beraterin, Trainerin und Coach im Bereich Leadership und Management. Seit einigen Jahren bin ich Gastreferentin an Management-Instituten (zum Beispiel am Narsee-Monjee-Management-Institut, Mumbai) und Mitglied des Institute of Management Consultants of India, Mumbai. Seit zehn Jahren leiten mein Mann und ich ein Unternehmen für Projekt-Consulting in Indien. In dieser Funktion haben wir etliche mittelständische europäische Unternehmen erfolgreich auf dem indischen Markt etabliert. Wir haben europäische Konsortien zusammengeführt, zum Beispiel das Konsortium zum Bau des neuen internationalen Flughafens von Bangalore, in dem unter anderem neben Siemens auch die Zürcher Flughafen AG beteiligt war.

In Deutschland trainiere und coache ich Führungskräfte vieler Unternehmen interkulturell zum Thema Indien und halte Vorträge über die Chancen und Risiken. Umgekehrt trainiere ich indische

Geschäftsleute und halte Gastvorlesungen an Management-Instituten zum Thema «The Strange German Ways» – denn selbstverständlich haben auch die indischen Businessleute so ihre Problemchen mit «den Deutschen» und anderen Westlern.

Und jedesmal, wenn ich in Coachings oder bei Vorträgen über Indien spreche, beklagen sich meine europäischen Gesprächspartner aus großen und kleinen Unternehmen: «Wir haben große Probleme mit unseren indischen Niederlassungen und Joint-Venture-Partnern – aber es gibt keine brauchbaren Ratgeber fürs indische Business! Schreiben Sie doch endlich mal was darüber.» Viele Geschäftsleute gehen mit der Annahme im Hinterkopf nach Indien, dass es in Indien so ist und zugeht wie hierzulande – und sind bass erstaunt, wenn sie zum ersten Mal mit den indischen Kulturunterschieden konfrontiert werden. Genau darauf kommt es im Business mit Indien an: Es ist eben nicht so wie bei uns – es ist eben überhaupt nie im Ausland so wie bei uns! Hunderte von Firmen sind bereits beim Versuch gescheitert, eigenständig den US-amerikanischen Markt zu «erobern»; warum sollten gerade Indien und China einfacher sein?

Aber während man über den chinesischen Markt und seine Besonderheiten jede Menge lesen kann, ist der indische Subkontinent noch *Terra incognita* für Berater und Ratgeber. Dabei brauchen Unternehmer und Manager gerade jetzt Rat und Hilfe, denn jetzt bewegt sich etwas auf den indischen Märkten. Diese Wissenslücke soll der vorliegende Ratgeber schließen. Er ist aus der Praxis für die Praxis geschrieben: Auch nach zehn Jahren im Indiengeschäft habe ich festgestellt, dass es doch immer wieder dieselben Fallen und Vorurteile sind, denen Unternehmer und Manager auf den Leim gehen.

Wer diese typisch indischen Fallen meidet, wird am Ende des Buches feststellen: Business-Erfolg in Indien ist machbar und gar nicht so schwer, wie die meisten europäischen Manager derzeit meinen. Man muss sich lediglich mit den indischen Besonderheiten auskennen. Und genau das werden Sie am Ende des Buches.

Damit Sie sich im Buch (und damit mit Indien) zurechtfinden, habe ich gleich an den Anfang einige wenige Daten und Informationen zu Indien zusammengestellt. Im Anhang finden Sie zudem einige wichtige Informationen zu Kultur und Sprachen sowie eine (vorwiegend englischsprachige) Bibliografie, die Ihnen helfen soll, sich mit Indien angemessen zu beschäftigen. Denn auch das muss gesagt werden: Dieses Buch kann nur einen winzigen Einblick geben in ein Land mit über einer Milliarde Menschen (EU: rund 490 Millionen); es muss zwangsläufig unvollkommen und subjektiv gefärbt bleiben.

Bedanken möchte ich mich bei meinem Mann Marc Lammens, ohne den das Buch sicher nicht entstanden wäre. Meiner Freundin Neha Chatwani, die jedes Wort des Buches gelesen hat, danke ich für ihre Anregungen aus indischer Perspektive. Bedanken möchte ich mich auch bei meinen Seminar-Teilnehmern, die durch ihr Interesse an der Cross-Culture-Thematik Indien den Anstoß zu diesem Buch gaben und eine Menge Geschichten und Erfahrungen dazu beisteuerten. Danken möchte ich auch Pravina Shetty für ihre Unterstützung und Kirsten Lenhart-Kraft, die mir seit Jahren eine unschätzbare Hilfe ist.

Mumbai, im Januar 2006

1 Die Chance nutzen

Indien ist nicht China

Die Wirtschaftspresse überschlägt sich derzeit förmlich in Sachen China-Hype. Was sich noch nicht bis in alle Redaktionsstuben herumgesprochen hat: Die strategischen Planungsstäbe in den führenden Unternehmen sind schon weiter. Sie planen längst den nächsten Coup. Und der heißt Indien.

Während sich in China derzeit die Investoren auf die Füße treten, sind in Indien momentan nur zirka 1500 deutsche Unternehmen aktiv. Darunter SAP, Bosch, Siemens, Infineon oder die Deutsche Bank. Deichmann produziert seit mehr als zwanzig Jahren Schuhe in Indien. BMW geht nach Chennai. Aber nicht nur die Großen haben nach Indien expandiert; man findet dort auch viele Mittelständler, die sich auf diese Weise Märkte, Aufträge und einheimische Arbeitsplätze sichern. Rund 600 deutsche Firmen sind in Joint Ventures aktiv.

Wie der ehemalige Siemens-Vorstandsvorsitzende Heinrich von Pierer sagte: «Das einzige Risiko ist, nicht dabei zu sein.» Siemens kündigte unlängst an, 400 Millionen Dollar in den Ausbau seiner indischen Geschäfte zu stecken.

Wenn Indien so attraktiv ist, warum zögern viele europäische Manager, auf den Zug aufzuspringen? Weil Indien noch eine Art Geheimtipp ist.

Betrachten wir im Folgenden einige dieser Punkte. Beginnen wir mit dem Offensichtlichen: Indien ist eine Demokratie, die größte der Welt. China ist keine – was manchem ausländischen Investor erst so richtig klar werden dürfte, wenn die unkalkulierbaren Risiken einer Diktatur sein Geschäft bedrohen. Viele Manager haben schon schmerzhaft erfahren, dass im Reich der Mitte nicht alles Gold ist, was glänzt. Dass große rechtliche, marktstrukturelle und politische Unsicherheiten herrschen.

Auch sind die Märkte in China mittlerweile stark überhitzt. Die Folge: Rohstoffe, Energie, Transport- und Lohnnebenkosten werden immer teurer. So teuer, dass bereits einige US-Firmen sich wieder aus China zurückgezogen haben, in die USA zurückgekehrt sind und jetzt nahe der mexikanischen Grenze produzieren.

Das indische Wirtschaftswachstum ist zwar auch phänomenal (zwischen 5 und 7 Prozent), doch es ist nicht überhitzt wie das chinesische (fast 10 Prozent). Das zeigt auch ein Blick auf das Bruttoinlandsprodukt (BIP): Bei vergleichbarer Bevölkerungsgröße beträgt das BIP in China fast schon saturierte 1306 Milliarden Dollar, während das indische mit 531 Milliarden bei weniger als der Hälfte liegt. Die Direktinvestitionen des Auslands betragen in China jährlich 54 Milliarden Dollar, während in Indien mit momentan nur 15 Milliarden der riesige Aufholbedarf des Landes förmlich ins Auge springt.

Mit dem Wissen wächst Ihr Erfolg

Viele Manager, die bereits in Indien engagiert sind, meinen: «Wer jetzt nicht aufspringt, hat in zwei, drei Jahren den Anschluss verpasst.» Diese Ansicht wird von internationalen Analysten geteilt, die prognostizieren, dass Indien langfristig das drittgrößte Wirtschaftswachstum der Welt haben wird.

Angesichts der vielen Vorteile und der blendenden Aussichten erscheint Indien verlockend, lukrativ, attraktiv – und trotzdem zeigen etliche europäische Führungskräfte im Augenblick noch eine rätselhafte Zurückhaltung. Warum?

China erscheint genauso exotisch wie Indien – doch China ist Europäern einfach vertrauter, weil sie seit Jahren vielfältigen Kontakt mit der chinesischen Kultur haben: Es gibt in Europa viele chinesische Restaurants. Wir kennen den chinesischen Nationalzirkus, Feng-Shui und Tai-Chi. Fast jede Großstadt dieser Welt hat ein *China Town*. Und auch der europäische Tourismus hat sich in China längst schon etabliert.

Indien erscheint im Vergleich dazu einfach fremd. Außer in London geht man in Europa mit Indern nicht halb so selbstverständlich um wie mit Chinesen. Dazu kennt man sie einfach zu wenig.

Die Vorurteile und Vorbehalte gegen Indien basieren hauptsächlich auf einem eklatanten Informationsmangel, auf mangelnden Kontakten mit Indern und auf dem zaghaften Marketing der Inder für ihr Land.

Weil man(ager) so wenig über Indien weiß, hält man es irrtümlich für weniger attraktiv – oder kommt beim Business mit Indern mit den indischen Eigenarten nicht klar. Deshalb wollen wir diesen Informationsmangel auf den folgenden Seiten beseitigen. Denn so alt der Spruch auch ist, hier trifft er voll zu: Wissen ist (Markt-)Macht.

➲ Tipp

Je mehr Sie über Indien wissen, desto attraktiver und vor allem rentabler wird Ihr Indien-Engagement werden.

Volle Kassen, gute Chancen

Egal, wo Sie in Indien auch hinschauen, es winken Ihnen Investitionschancen – ganz im Gegensatz zu den westlichen Märkten, auf denen die Investitionsmöglichkeiten längst nicht mehr so vielfältig sind. Beginnen wir mit den öffentlichen Haushalten: Diese schreiben jede Menge Projekte aus, die ausländischen Investoren attraktive Möglichkeiten eröffnen, weil ihr Know-how gefragt ist. Der indische Staat kann sich solche Projekte leisten, denn er hat sehr viel weniger Auslandsschulden als die inzwischen hoch verschuldeten westlichen Staaten.

Auch in vielen indischen Wirtschaftsbranchen ist der Nachholbedarf groß, zum Beispiel in der Landwirtschaft. Im Vergleich zu Europa produziert der indische Bauer auf jedem Quadratmeter Scholle nur 15 Prozent des Ertrags seines europäischen Kollegen. Nur gut 6 Prozent der indischen Landwirtschaft sind professionalisiert. Nur 1,2 Prozent der Obst- und Gemüseernte kommen in die Weiterverarbeitung – der Großteil wird direkt vor Ort verzehrt, buchstäblich von der Hand in den Mund. Mindestens 900 Millionen Dollar gehen jährlich verloren, weil Obst und Gemüse nicht schnell genug geerntet und fachgerecht gelagert werden können und daher verderben. So ineffizient die Landwirtschaft für Indien ist, so attraktiv ist sie für europäische Investoren:

➲ Tipp:
Europäische Unternehmen, die Produkte, Konzepte, Dienstleistungen oder Beratung in Sachen Bewässerung, Düngemittel, Lagertechnik, landwirtschaftliche Maschinen, Agrartechnik oder Food Processing anbieten, finden in Indien einen idealen Markt.

Neulich sagte mir ein deutscher Ministerialbeamter: «Wie viel deutsche Arbeitsplätze könnten gesichert werden, wenn der träge deutsche Mittelstand doch endlich seine Marktchancen in Indien nutzen würde!» Harte Worte – doch ich kenne jede Menge Mittelständler, die hinter vorgehaltener Hand das Urteil teilen.

➲ **Tipp:**
Einen vergleichbaren Nachholbedarf wie die Landwirtschaft haben auch andere indische Branchen: Textil, Kfz-Zulieferung, IT, Ingenieur-Dienstleistungen, Bau, Anlagenbau, Engineering, Tourismus, Gesundheitswesen, Hygiene, Sicherheit, Abwassersysteme und Müllentsorgung.

Unternehmer und Manager beklagen immer wieder, dass die europäischen Märkte saturiert seien und der Preiskampf ihnen schwer zu schaffen mache. Deshalb: Klagen Sie nicht über gesättigte Märkte. Gehen Sie in Wachstumsmärkte!

So viel ist klar: Wer bei stagnierenden, preislich immer unattraktiver werdenden oder gar schrumpfenden europäischen Märkten wirtschaftlich überleben möchte, kommt um das Nachfrageparadies Indien nicht herum.

Je ineffizienter, desto besser für Sie!

Die indische Landwirtschaft trägt nur 23 Prozent zum BIP bei, beschäftigt aber über 50 Prozent der indischen Arbeitnehmer, das sind zirka 550 Millionen: Zeichen äußerster Ineffizienz.

➲ **Tipp:**
Je ineffizienter eine Branche, desto größer ihr Nachholbedarf an Investitionen und Know-how und desto größer sind Ihre Marktchancen mit Produkten, Dienstleistungen und Beratung.

Im indischen Dienstleistungssektor arbeiten nur 17 Prozent der Arbeitnehmer – erwirtschaften jedoch fast 50 Prozent des BIP! Woher kommt diese im Vergleich zu anderen Branchen exorbitante Effizienz? Zum einen vom hohen Professionalisierungsgrad in der Dienstleistung. Zum anderen, weil dort bereits sehr viele europäische und einige US-Firmen engagiert sind. Das heißt: Wenn sich ausländische Firmen in einer indischen Branche ansiedeln, dann «geht der Markt ab», die Effizienz, die Produktivität und die Wertschöpfung steigen – und damit Absatz, Umsatz und Gewinne der ausländischen Firmen, die früh genug den Entschluss fassten, in dieser Branche zu investieren.

➲ **Tipp:**
Selbst im hoch effizienten IT-Sektor besteht noch Nachholbedarf. Nur ein Zehntel des Weltexports Indiens geht zum Beispiel nach Deutschland.

Eine weitere Branche mit immensem Nachholbedarf ist die Textilindustrie. Am weltweiten Textilmarkt hat Indien trotz seiner Größe nur einen Anteil von 4 Prozent.

Die Arbeitsproduktivität eines indischen Textilarbeiters liegt bei nur 16 Prozent seines US-Kollegen. Wenn die Ein- und Ausfuhrzölle wie geplant nach und nach wegfallen, werden also nur die auf Weltmarktniveau konkurrenzfähigsten indischen Unternehmen überleben.

➲ **Tipp:**
Um weltweit konkurrenzfähig zu werden, benötigen indische Textilunternehmen dringend das Know-how europäischer Firmen. Das gilt übrigens auch für andere westliche Technologien.

Außerdem: Allzu lange darf sich Europa nicht mit seinem Indien-Engagement zurückhalten. Denn die Inder investieren bereits fleißig in Europa

- mit eigener Niederlassung, zum Beispiel Tata Consulting Service (TCS) in München und L&T in Frankfurt.
- durch Geschäftsübernahmen, zum Beispiel Reliance kaufte

Trevira, Bharat Forge übernahm Carl D. Peddinghaus, Tata kaufte Tetley Tea in England und Hispano C in Spanien.

Gegenwärtig ist Indien geradezu von einer Gründerwelle erfasst: Es werden jede Menge Unternehmen neu gegründet, weil die Tycoons, die indischen Großunternehmen wie Tata, Bajaj, Birla, Reliance oder Piramal, ihre Randgeschäfte abstoßen, um sich wegen des internationalen Wettbewerbs auf ihre Kernkompetenz zu konzentrieren.

Nie war der Zeitpunkt für ein Engagement günstiger als jetzt. Noch Anfang der 90erjahre durfte ein Ausländer keine 51 Prozent Anteile an einer indischen Firma halten. Heute kriegen Sie auch dann keine Probleme mehr, wenn Sie 100 Prozent Anteile halten. Sie können auch gleich eine hundertprozentige Tochter Ihres europäischen Unternehmens gründen. Selbst bei Privatbanken und im Telekom-Sektor sind in der Zwischenzeit *Foreign Invests* erlaubt. Das ist erstaunlich, erfreulich und ein deutliches Zeichen für die anhaltende Marktöffnung.

Vorsicht vor Joint Ventures!

Üblich war lange Jahre, dass man im Ausland Joint Ventures einging. Doch wenn Sie auch eine hundertprozentige Tochter gründen oder kaufen dürfen, können Sie sich den Stress mit Joint Ventures (JV) häufig sparen.

Damit gab es nämlich in der Vergangenheit einigen Ärger. Etliche Unternehmer und Manager gestanden mir: «Wir haben damals den falschen JV-Partner erwischt – und wurden ihn nicht mehr los!» Wie schon ein großer deutscher Wirtschaftsfachmann im «Lied von der Glocke» sagte: «Drum prüfe, wer sich ewig bindet… Der Wahn ist kurz, die Reu' ist lang.»

Ein deutscher Autobauer hatte zum Beispiel Ende der 90erjahre große Probleme mit seinem JV-Partner. Man trennte sich zwar irgendwann, doch der deutsche Konzern hatte großes Glück, dass der indische Partner ein Gentleman war und sich nicht üppig auszahlen ließ. Denn die Inder lieben natürlich Joint Ventures und halten sich mit Krallen und Zähnen darin fest, um sich mit dem großen Namen des angesehenen europäischen Partners brüsten zu können.

Eine bessere Alternative ist beispielsweise, das indische Unternehmen nicht als JV-Partner, sondern als Unterauftragsnehmer oder Konsortiumspartner einzusetzen.

Joint Ventures haben einen großen Nachteil: Auch wenn Sie sich irgendwann, vielleicht nach jahrelangem Ärger, von Ihrem JV-Partner trennen, haben Sie sich damit trotzdem nicht die ersehnte Befreiung verschafft. Sie dürfen nicht einfach ein eigenständiges Unternehmen als Ersatz für das Joint Venture gründen (der so genannte Konkurrenzvorbehalt).

Die Lufthansa beispielsweise war früher mit Modi-Luft in einem Joint Venture zusammen. Man trennte sich vor einigen Jahren. Doch bis jetzt hat die Lufthansa noch immer keine Lufthansa India gründen können, weil Modi dafür immer noch nicht sein Plazet gibt.

Suzuki hat Jahre und knochenharte Verhandlungen gebraucht, um im Joint Venture mit Maruti endlich die Anteilsmehrheit zu bekommen. Ein Joint Venture erscheint für die Markterschließung und die notwendigen personellen Verbindungen anfangs natürlich sehr attraktiv, weil bequem. Bedenken Sie aber auch: Die richtigen personellen Kontakte an Partnern und Mitarbeitern benötigen Sie so oder so; dann sollte der Einstieg in den indischen Markt nicht einfach unter schlechten rechtlichen Voraussetzungen stattfinden.

Neben den neuen rechtlichen Bedingungen schafft die indische Regierung weitere Voraussetzungen zur Öffnung des indischen Marktes. Schon seit einiger Zeit plant sie, die Aus- und Einfuhrquoten abzuschaffen. Die indische Wirtschaftspresse hat sofort erkannt, worauf das hinausläuft, und getitelt: «Nur die stärksten Unternehmen werden den ungebremsten internationalen Wettbewerb überleben!»

Ein junger österreichischer Manager hat das im typischen Überschwang der Jugend mal so formuliert: «Also gehen wir doch rein und mischen den indischen Markt auf!» Das ist etwas flapsig formuliert, aber sachlich durchaus korrekt. Wie kommen Sie also in den Markt?

Was Sie brauchen: Vitamin B

In der ehemaligen DDR nannte man es «Seilschaften», in China heißt es Guanxi (gesprochen: *guangschi*), in Köln sagt man Klüngel dazu und im Management-Jargon heißt es «Netzwerk». Damit ist auch in Indien das Ziel klar vorgegeben. Wenn Sie dort Geschäfte machen wollen, brauchen Sie Beziehungen.

Sie können nicht einfach mal so nach Indien jetten und einen Übernahmekandidaten übernehmen oder eine eigene Firma aufmachen. Diese Art des sachlich-unterkühlten Kapitalismus wird in Indien nicht gepflegt.

Inder machen Geschäfte lieber mit Freunden als mit Fremden. In Deutschland ist dieses Vorgehen leicht verpönt. Wer aber diese indische Neigung ignoriert, kommt entweder gar nicht zum Zug oder erlebt Schwierigkeiten, die er sich oft nicht erklären kann. Wollen Sie das vermeiden, brauchen Sie Beziehungen.

Derselbe Umstand, der Ihnen den Marktzugang erschwert, erleichtert ihn nämlich auch. Denn gerade weil Inder lieber mit Freunden Geschäfte machen, sind die indischen Marktteilnehmer untereinander derart dicht verbandelt, dass jeder gestandene Kölner seine echte Freude daran hätte. Dabei geht es jedoch nicht um den Klüngel, sondern um eine solide Vertrauensbasis und um Geschäfte auf Gegenseitigkeit: «Verschaffst du mir ein Geschäft, verschaffe ich dir ein Geschäft.» Weil indische Geschäftsleute gut vernetzt sind, kann Ihnen schon ein einziger Inder eine Hand voll neuer Kontakte verschaffen.

Denn dieser eine indische Geschäftsmann hat unter Garantie einen alten Studienfreund, der einen Cousin hat, der jemanden kennt, der mit jenem Ministerialbeamten auf Du und Du ist, der die ausstehende Genehmigung für Ihr Investitionsprojekt erteilt. Sie halten das für ziemlich umständlich? Mag sein, aber macht das nicht auch jede Menge Spaß? Ein norddeutscher Unternehmer sagte mir einmal: «Immer noch besser als bei uns. Wenn die deutsche Behörde Nein sagt, bleibt es beim Nein. Deshalb ist Deutschland so investitionsfeindlich! Wenn in Indien etwas nicht geht, hat man nur noch nicht den Richtigen gefunden, der es zum Laufen bringen kann.» Das heißt aber auch:

➲ Tipp:
«Nein» ist in Indien immer relativ.

Auch wenn jemand oder eine Behörde Nein sagt: Irgendwas geht immer. Man darf sich nur nicht entmutigen lassen. Dann bekommt man nämlich auch die erste Spielregel mit: In Indien herrscht Billard-Business – man spielt über Bande. Die Inder sagen selber: Es gibt immer verschiedene Realitäten und nie eine einzige Wahrheit.

Fallen Sie andererseits nicht darauf herein, wenn ein Inder mit seinen «hervorragenden Kontakten» prahlt. Nur die wenigsten haben sie wirklich. Und die müssen Sie finden.

Billard-Business

Sie werden sich umso schneller und leichter in das indische Netzwerk einklinken können, je mehr Inder Sie kennen.

Deshalb ist es ganz wichtig, dass Sie nicht den Fehler machen, den viele Ausländer in fremden Ländern begehen: einkapseln, einigeln, sich im Hotel oder Firmenghetto verbarrikadieren.

➲ Tipp:
Gehen Sie raus, suchen Sie aktiv Kontakt. Kontaktpflege ist in Indien Investitionspflege.

Gehen Sie auf gesellschaftliche Veranstaltungen, schließen Sie sich Verbänden an, werden Sie Mitglied in (mindestens) einem der zahllosen Clubs, in denen sich Geschäftsleute treffen, besuchen Sie Botschaftsveranstaltungen. Haben Sie erst einmal die ersten Schritte getan, verselbstständigt sich der Prozess: Sie als Ausländer werden in Indien vielen anderen Indern vorgestellt werden, Sie werden «weitergereicht». Ihr neuer indischer Kontakt schleppt noch einen Freund an, der einen Freund hat, der jemand Einflussreiches kennt… und schon sind Sie mitten drin im indischen Netzwerk.

Nach einiger Zeit der Kontaktsuche haben Sie das umgekehrte Problem: Sie haben mehr Kontakte, als Sie verarbeiten und pflegen können. Dann können Sie weitermachen. Suchen Sie unter Ihren vielen Kontakten nach und nach jene aus, die Sie geschäftlich weiterbringen – und nicht nur der gesellschaftlichen Unterhaltung dienen.

Wenn Sie in Indien Kontakte suchen, werden Sie erstaunt sein, wie viele Sie finden. Dasselbe wird Ihnen mit Projekten passieren. Fast jeder Inder, den Sie im Business-Kontext kennen lernen werden, versucht, Sie für (mindestens) ein «ganz heißes» Projekt zu begeistern. Diese Projekte hören sich immer ausgesprochen attraktiv an.

➲ Tipp:

Prüfen Sie jedes Projekt kaufmännisch und sorgfältig vor allem auf Realisierbarkeit. Sie werden feststellen: Auf den ersten Blick erscheinen die Projekte zwar alle sehr ziemlich gut. Doch von hundert Projekten sind nur zehn interessant – und nur eines auch wirtschaftlich aussichtsreich und realisierbar. Es ist zwar leicht und verführerisch, in einem exotischen Land auf begeisterungswürdige Projekte hereinzufallen. Doch da sei Ihre kaufmännische Vorsicht und Ihr Selektionsvermögen vor!

Indische Projekte werden Ihnen zwar mit einer beeindruckenden Begeisterung präsentiert werden. Doch die meisten davon sind einfach unrealistisch.

Was Politiker zum Beispiel als «ganz wichtig» kommunizieren, muss deshalb noch lange nicht realisiert werden. Denn viele Projekte fallen schlicht Machtspielchen zum Opfer. Ein Beispiel: 1973 war das Trans-Harbour-Link-Projekt in Mumbai für die Bürokraten und Politiker «ganz eilig». Das Projekt ist bis heute nicht realisiert. Erst neulich ist es wieder als «ganz eilig» eingestuft worden. «Wer weiß, wann das realisiert wird», sagte damals dazu Dr. Krüger († 2005), der ehemalige Generaldirektor der Indo-German Chamber of Commerce in Mumbai, der diese Institution aufgebaut und 30 Jahre lang geleitet hat – und in dieser langen Zeit trotzdem nicht die Realisierung dieses angeblich «ganz eiligen» Projektes erlebte.

Kein Verständigungsproblem

Kein Manager kommt derzeit um das Thema BPO herum: *Business Process Outsourcing.* Westeuropa ist schlicht zu teuer geworden für Produktion, Entwicklung, Logistik, IT, Kundenbetreuung und andere Dienstleistungen.

Für IT-Dienstleistungen ist Indien im englischsprachigen Wirtschaftsraum schon länger weltweit die Nummer eins. Und auch die Zahl der indischen Call-Center, die Kunden europäischer Firmen betreuen, steigt ständig. Denn Inder haben eine ausgesprochene Sprachbegabung.

Es fällt ihnen leicht, Deutsch zu lernen und deutsche Kunden deutscher Firmen zu betreuen, denn sie leben ja selbst in einem Land großer Sprachvielfalt. In Indien gibt es 23 anerkannte Sprachen. Nimmt man die Dialekte hinzu, sind es über 100. Viele Inder sprechen vier bis fünf Sprachen: Englisch und dann noch drei oder vier indische Sprachen – und das sind keine Dialekte, sondern echte, eigenständige Sprachen.

Diese Sprachbegabung ist ein großer Vorteil. In China zum Beispiel, einem anderen attraktiven BPO-Partnerland, besteht nämlich ein echtes Verständigungsproblem. Wie sich jetzt herausstellt, ist es größer als angenommen. Ein europäischer Ingenieur, der das chinesische Joint Venture seiner Firma leitet, berichtet: «Wir dachten, die Übersetzung kann doch nicht so schwierig sein. Chinesisch ist doch auch nur eine Fremdsprache! Das Problem ist nur: Wir produzieren Werkzeugspindeln. Und die chinesischen Schriftzeichen für die High-Tech-Sprache beherrschen weltweit nur einige Tausend Übersetzer!» Ständig kommt es zu klitzekleinen Schreibfehlern an den hochkomplexen Schriftzeichen – die dann prompt den Kommunikations- oder Produktionsprozess lahm legen.

Neulich stand das komplette chinesische Mittelmanagement,

zwölf Mann stark, hochrot im Gesicht, im Büro des europäischen Geschäftsführers und verkündete ultimativ, dass «wir uns nicht länger von euch Langnasen beleidigen lassen». Nachdem man ungefähr vierzig Minuten lang erhitzt aneinander vorbeigeredet hatte, stellte sich heraus, dass das neueste, in der europäischen Firmenzentrale entwickelte Produkt ins Chinesische übersetzt eine schlimme Beleidigung bedeutet. «Das ist kein amüsanter Einzelfall», berichtet der geschäftsführende Ingenieur. «Das passiert uns nach drei Jahren hier in China immer noch einmal im Monat.»

In Indien gibt es kein Verständigungsproblem: Englisch ist selbstverständliche Wirtschaftssprache. Fast alle Hochschulen unterrichten in Englisch. Die indischen Arbeitskräfte mit Hochschul- oder College-Abschluss sprechen besseres Business-Englisch als die meisten Europäer. Etliche Inder, die in den Großstädten leben, sprechen sogar ganz selbstverständlich innerhalb der Familie Englisch miteinander. Etliche sind in den USA oder Großbritannien ausgebildet. Und viele guten Universitäten haben Links zu amerikanischen oder britischen Unis.

Die indischen Fachkräfte sind auf internationalem Niveau exzellent ausgebildet. Nicht nur in der indischen Vorzeigebranche der Informationstechnologie, sondern auch in den Ingenieurswissenschaften oder in der Kundenberatung. Vor allem: Die indischen Fachkräfte sind hochmotiviert. Sie wollen lernen, sie wollen sich für europäische Firmen engagieren – über eine ganze Menge europäischer Mitarbeiter lässt sich das inzwischen nicht mehr mit Sicherheit sagen.

➲ **Tipp:**

Indien ist ein idealer Outsourcing-Partner.

2 «Überall Kühe!» und andere Vorurteile

Wir alle sind anfällig für Vorurteile. Das ist normal. Gefährlich wird es lediglich dann, wenn diese den Sachverstand trüben und gute Geschäfte verhindern.

Menschen, die bereits in Indien Geschäfte machen, erkennen Vorurteile als solche. Jene, die noch nicht so weit sind, lassen sich dadurch oft von guten Geschäften abhalten.

Es gibt jede Menge Vorurteile über Indien. Einige treffen sogar (teilweise) zu. Ich werde sie keinem ausreden, aber sie sollen doch an mehr als nur einem Punkt in Relation gesetzt werden zu Dingen, die wir klaglos relativieren oder gar nicht mehr wahrnehmen. Keines ist jedoch auch nur im Entferntesten ein Investitionshemmnis, wie wir im Folgenden sehen werden.

Wann immer ich mit Menschen spreche, die noch nichts mit Indien zu tun haben, höre ich mit schöner Regelmäßigkeit: «Indien? Aber das ist doch so schmutzig und arm und überall Kühe und Bettler!» Woran liegt dieser schlechte Ruf Indiens? Auch daran, dass Indien selbst nichts gegen sein schwaches Image im Ausland unternimmt. Ein typischer Fall von schlechtem Marketing.

Auch über die Türkei kursierten früher solche Gerüchte. Seitdem fast jeder dritte Deutsche schon mal in der Türkei in Urlaub war und sich auf angenehme Weise vom Gegenteil überzeugen konnte, sind diese Gerüchte verstummt. Indien hat dieses touristische Korrektiv nicht, da auch der Tourismus noch in den Kinderschuhen steckt. Das erklärt, warum China in den Augen der Welt und ihrer Investoren besser abschneidet als Indien. Vor 30 Jahren hatten Indien und China noch ungefähr gleich viele Touristen. Heute hat China jährlich zehnmal so viele.

Während Indien rund 2,8 Millionen Touristen besuchten, waren es in China 30 Millionen. Die Vorbehalte gegen Indien fußen also nicht, wie bereits erwähnt, auf Tatsachen, sondern im Gegenteil auf mangelnder Kenntnis des Landes: Weil man Indien nicht kennt, findet man es erst einmal überhaupt nicht toll. Aber nicht alles, was als negativ empfunden wird, muss auch negativ sein – und wenn man genauer hinguckt, relativiert sich einiges.

Sofern Sie also in den nächsten Tagen keine Indienreise unternehmen, sollten wir die beliebtesten Vorurteile erst einmal literarisch ausräumen.

«Indien ist schmutzig!»

Wenn Sie damit die Luftverschmutzung meinen, trifft das auf die Großstädte zu. Metropolen wie Mumbai, Kalkutta oder Bangalore haben einen recht heftigen Smog – aber was erwarten Sie von Großstädten mit immerhin 18, 15 und 7 Millionen Einwohnern? Wobei man für Kalkutta auch heute noch keine exakte Einwohnerzahl hat: Es gibt keine Volkszählung oder ein striktes Meldewesen wie in Deutschland, und die Stadt wächst ständig.

Der Businessmann oder die Businessfrau empfindet den City-Smog jedoch als wenig problematisch. Denn ihre Wohnung liegt im fünften oder sechsten Stock über dem Smog. Der Mief ist am schlimmsten direkt im Straßenverkehr – und dafür hat man ein Auto mit Air-Condition.

Eine rühmliche Ausnahme bildet beispielweise die Hauptstadt Delhi (12 Millionen Einwohner). Dort ist die Luft nicht, wie in Großstädten üblich, großstädtisch verschmutzt. In Delhi tut man bereits etwas für die gute Luft: So fahren zum Beispiel die Zehntausenden Busse, Taxis und Rikschas der öffentlichen Nahverkehrsflotte bereits seit einigen Jahren mit Gas. Kennen Sie eine europäische Großstadt, die ihren öffentlichen Nahverkehr vollständig auf Gas umgestellt hat? Außerdem haben die Inder unter die Millionenstadt eine komplette Metro gebaut, um den Individualverkehr drastisch zu senken, was auch für Mumbai geplant ist.

Wenn Sie mitbekommen haben, was für ein Aufstand zum Beispiel München erlebte, nur weil eine einzige U-Bahn-Linie verlängert werden sollte, können Sie ermessen, dass in Indien ganz andere Größenmaßstäbe gelten. Da werden Projekte in Größenordnungen gestemmt, bei denen den braven Deutschen der grause Schwindel erfasst … Übrigens: Im Konsortium für dieses indische Megametroprojekt waren etliche europäische Firmen, darunter auch eine österreichische und eine deutsche.

Des Weiteren werden in allen größeren Städten *Ringroads* gebaut. Das sind städtische Umfahrungen, die die Innenstädte und damit die Stadtluft merklich vom Verkehr entlasten. Auf dem Land ist die Landluft ohnehin tadellos – weil nur in den Städten Autos und Busse intensiv die Luft belasten.

Außerdem sind einige Metro- und Schwebebahnprojekte angedacht, um die Stadtluft noch weiter zu verbessern. Wir erkennen daran deutlich: Indischen Politikern ist die Luftqualität ein echtes Anliegen.

➲ Tipp:
Die Verbesserung der Infrastruktur ist ein wichtiges Thema in Indien, das heißt auch, eine gute Geschäftsmöglichkeit für Europäer.

Eine ganz andere Sache ist der *Straßenschmutz*: Indiens Straßen sind tatsächlich, nein, nicht schmutzig – das ist das falsche Bild. Sie sind einfach mit den kleinen Abfällen des Alltags übersät.

Als ich vor Jahren in der Stadt auf einem Bummel mit indischen Freunden einen Schokoriegel aß und mit immer größerer Ungeduld einen Papierkorb suchte, um die leere Papierhülle zu entsorgen, löste das bei den Indern größte Erheiterung aus: «Was soll der Aufstand? Warum schmeißt du das Papier nicht einfach auf die Straße?» Das machen in Indien nämlich alle so.

Die vielen Straßenabfälle in Indien sind Erziehungssache: Jedes indische Kind lernt, dass man McDonald's-Verpackungen, leere Colaflaschen und jeden anderen Abfall einfach auf die Straße wirft – die Stadtreinigung macht das ja sowieso bald weg! Jedoch: «Bald» ist natürlich relativ. Mich stört auch immer wieder die Gleichgültigkeit der Mittelschicht den Armen gegenüber und dem Abfall, den ihre Kinder auf die Straße werfen.

Früher hatte man Kindern zum Beispiel in Deutschland beigebracht: «Schmeiß das nicht auf Straße! Abfall gehört in den Papierkorb!» Diesen Satz werden Sie in Indien kaum eine Mutter sagen hören – was bedingt verständlich ist: Solange sie sich hauptsächlich darauf konzentrieren muss, die Mäuler ihrer Lieben mit der täglichen Portion Reis zu versorgen, verschwendet sie an solche profanen Dinge wie die Sauberkeit der Straßen natürlich recht wenig Gedanken. In ungesättigten Märkten kämpfen die Menschen eben noch um existenziellere Dinge. Da kommt einerseits die Abfallentsorgung etwas zu kurz – andererseits entwickelt sich da eine beneidenswerte Nachfrage nach allem, was das Leben lebenswert macht.

Wer also nur in Märkte mit hoher öffentlicher Papierkorbdichte investieren will, investiert in gesättigte Märkte.

Außerdem ist eben nicht ganz Indien schmutzig. Inder pflegen die Mentalität: Mein Haus und Hof halte ich sauber – was vor meiner Tür passiert, schert mich nicht.

Der Straßenmüll nimmt inzwischen erkennbar ab. Es laufen nämlich die ersten Recycling-Projekte, beispielsweise mit den berühmten PET-Getränkeflaschen. Und auch die Müllentsorgung der privaten Haushalte wird besser: Stellenweise gibt es sogar eine tägliche Müllabfuhr – das haben nicht mal die angeblich so sauberen Deutschen.

➲ Ein Tipp für die europäische Frau

Europäische Geschäftsfrauen haben ein ganz besonderes Problem mit Indien. Ein Geschäftsfreund, der bei uns zu Besuch war, sprach es an:

«Wie kommt das? Dein Haus ist das einzige in Indien, an dem nach dem Monsun die Fenster geputzt sind!» Alle Anwesenden brachen in schallendes Gelächter aus: Jeder und vor allem jede kannte das Problem!

Indische Putzfrauen an europäische Standards von Sauberkeit zu gewöhnen, ist eine Lebensaufgabe.

Die meisten indischen Putzfrauen geben vor Erreichen dieses Ziels auf. Nicht aus Unwillen, sondern weil sie beim besten Willen den Schmutz nicht sehen, den die Europäerin sieht. Ich habe inzwischen sicher ein Dutzend Putzfrauen durch ...

Die indischen Maßstäbe in Sachen Sauberkeit sind eben andere. Sie tun sich und Ihrer Putzfrau einen Gefallen, wenn Sie einen Kompromiss finden, der für beide Kulturen verträglich ist.

«Überall Kühe auf der Straße!»

Na und? Kühe sind heilige Tiere in Indien und stehen und liegen überall herum. Ein afrikanischer Besucher soll sich bei seinem ersten Deutschlandbesuch ähnlich verwundert darüber geäußert haben, dass «in jedem Dorf ein Fußballplatz ist». Das wundert vielleicht einen Afrikaner – für den Deutschen ist das so selbstverständlich wie für den Inder die Kuh auf der Straße. Die Inder füttern die Kühe mit einer Selbstverständlichkeit, mit der die deutsche Hausfrau eine streunende Katze füttert. Also wer sind wir, dass wir den Indern ihre Vorliebe für Kühe vorwerfen könnten?

Die Inder kurven auch ohne Murren um diese bovinen Verkehrshindernisse herum: Sie betrachten die Kühe als mobile Geschwindigkeitsbegrenzung, ähnlich den Schwellen und Verkehrsinseln in verkehrsberuhigten Zonen. Selbst wenn es zu gelegentlichen Kuhkollisionen kommt, nimmt der Inder das gelassen als höhere Gewalt. Aber so ein Viehunfall kann Ihnen auch im Allgäu, in den Alpen, im Bayrischen Wald oder in jeder anderen Gegend mit Viehhaltung passieren!

Außerdem kann man wegen der vielen Schlaglöcher auf Indiens Straßen ohnehin nicht so schnell fahren, dass die Kühe eine echte Verkehrsgefährdung darstellen würden. Deshalb achten die Inder auf den neu gebauten Highways aus reinem Selbsterhaltungstrieb darauf, dass keine Kühe mehr auf die Straße können: Dort kann man nämlich schneller als sonst üblich fahren, also zum Beispiel auf dem *Pune-Bombay* oder dem *Delhi-Nasik Highway*.

Was die meisten Europäer nicht wissen: Die Kühe haben normale, weltliche Besitzer, die sie abends meist in ihre Höfe zurücktreiben.

Die Kühe sind in Indien einfach ein – im Sinne des Wortes – natürliches Verkehrshindernis; genauso wie Ziegen, Hunde und Schweine, die ebenfalls überall herumstehen. Deshalb: An die indischen Kühe werden Sie sich als Verkehrsteilnehmer so schnell gewöhnen wie an die amerikanischen Stadtautobahnen oder die französischen Kreisverkehre.

Darüber hinaus verbieten es immer mehr Städte, die Kühe frei auf der Straße herumlaufen zu lassen. Daher sehen Sie in Großstädten sehr wenige Kühe im Stadtzentrum. Trotz der immer geringer werdenden Kuhdichte sollten Sie allerdings nachts vorsichtig fahren. Kühe schlafen nämlich gerne auf dem warmen Asphalt.

Dieser Gefahr sind jedoch die wenigsten europäischen Geschäftsleute ausgesetzt – denn die meisten davon fahren nicht, sondern lassen fahren. Und der indische Fahrer weiß nachts genau, worauf er achten muss …

«Schlaglöcher»

Ja, die sind da. Als kontinentaleuropäischer Autofahrer gewöhnen Sie sich in Indien schneller an die Kühe als an den in Indien herrschenden Linksverkehr. Selbst ohne Kühe könnten Sie in Indien jedoch nicht so schnell fahren, wie Sie wollten: Das verhindern die vielen Schlaglöcher.

Wenn Sie 200 Kilometer in 3,5 Stunden zurücklegen, ist das für Indien ein guter Schnitt (nämlich rund 60 km/h).

Bedenken Sie aber: In vielen deutschen Ballungsgebieten haben Sie zur Hauptverkehrszeit auch keinen besseren Schnitt … In Indien beschränken die Schlaglöcher die Höchstgeschwindigkeit auf 60 bis 80 km/h, in Europa die Verkehrsdichte. Wie ein erfahrener Indienreisender mal sagte: «Sie sind derart mit dem Linksverkehr und den Schlaglöchern beschäftigt, dass Ihnen die Kühe kaum auffallen!» Ein anderer meinte: «Eine einzelne Kuh stört mich schon lange nicht mehr!» Was stört, sind vereinzelte Kuhherden – doch die können Ihnen wie gesagt auch im Allgäu über den Weg laufen.

«Indien ist ein armes Land!»

Ja, Indien ist ein armes Land, und die Zahlen auf Seite 11 sprechen eine deutliche Sprache. Aber Indien ist auch ein Land im Umbruch. Das hat aber dazu geführt, dass inzwischen kein Mensch verhungern muss. Die gewaltigen sozialen und demografischen Veränderungen dieses riesigen Landes sind noch gar nicht absehbar. Das durchschnittliche jährliche Wirtschaftswachstum über

7 Prozent hat beispielsweise eine kaufkräftige indische Mittelschicht von rund 200 Millionen Menschen geschaffen! Und sie wächst ständig … Diese Menschen wollen alle ihr TV, ihr Radio, Auto, ihre Waschmaschine, ihren Trockner, PC … Welches Land der Welt schafft das sonst noch?

Natürlich gibt es in Indien auch arme Menschen, aber die Dynamik des Landes hat Indien seit Gandhi und Nehru und der Unabhängigkeit Indiens grundlegend verändert. Vor allem die letzten Jahrzehnte haben einen wirklichen Mittelstand entstehen lassen, und auch weiten Teilen der Unterschicht geht es inzwischen besser.

Ein weiteres Zeichen des indischen Reichtums sind Hochzeitsfeiern: Ein Hochzeitsfest für tausend bis dreitausend geladene Gäste und eine 1- bis 4-Millionen-Zeche ist häufiger zu bewundern als bei Hollywood-Stars. Der drittreichste Mann der Welt Lakshmi Mittal, Eigentümer des größten Stahlkonzerns Mittal Steel (früher ISPAT), hat für die Hochzeit seiner Tochter Schloss Versailles (richtig, *das* Versailles) gemietet und dafür 45 Millionen britische Pfund ausgegeben. In Belgien ließ sich ein Diamanten-Tycoon die Hochzeit seiner Tochter 40 Millionen Euro kosten.

«Überall Bettler!»

Natürlich gibt es in einem wirtschaftlichen Schwellenland Bettler. Für Menschen in Indien ist Betteln weniger entwürdigend als hierzulande. Das ist nicht despektierlich gemeint, sondern soll darauf hinweisen, dass in einem Riesenland im Umbruch auch die Gründe für die Armut diffizil sind. Armut gilt zwar als Schickal, nicht aber als entehrend. Damit kommen wir auch schon auf den eigentlichen Hintergrund des Phänomens: In Indien gibt es – außer für Beamte und Mitarbeiter von Großunternehmen – noch keine Renten-, Arbeitslosen- oder Krankenversicherung. Das soziale Netz Indiens ist außerhalb der Familie noch recht dürftig entwickelt.

Denn in Indien gibt es größtenteils noch die traditionelle Großfamilie. In so einer Familie mit, sagen wir, zehn Mitgliedern im arbeitsfähigen Alter arbeiten dann vier bis fünf – und versorgen die anderen mit: die Alten, denen sie quasi die Rente bezahlen, die Arbeitslosen, deren Arbeitslosengeld sie sind, und die Kranken, deren Krankenversicherung sie darstellen. Wenn ein Inder aus irgendeinem Grund aus diesem Solidarverbund herausfällt, dann ist seine einzige Überlebenschance das Betteln. Und das ist, wie gesagt, keine Schande.

Betteln wird als Berufsersatz betrachtet, als Beruf wie zum Beispiel Straßenhändler auch. Im Übrigen wird ein indischer Bettler sein Los als sein Schicksal ansehen – und damit ist das für ihn okay. Wenn auf den Stufen eines Tempels eine bettelnde alte Frau sitzt, deren Kinder beispielsweise in einen anderen Teil des Kontinents weggezogen sind und deren Mann gestorben ist, dann hat sie allerdings ein schweres Los. Das Betteln ist deshalb in Indien so selbstverständlich wie bei uns der Scheck vom Sozialamt.

Auf dem Weg von und zur Arbeit werden Ihnen Bettler kaum auffallen, weil Betteln in Indien eine selbstverständliche Sozialversicherung ist. Also «arbeiten» die Bettler (außerhalb der Touristenfallen) höchst unaufdringlich, und die indischen Passanten geben mit absoluter Selbstverständlichkeit – oder genauso selbstverständlich nicht. Wenn Sie es ebenso halten, werden Sie keine Probleme damit haben.

Probleme mit Bettlern gibt es hauptsächlich da, wo sie jeder Auslandsreisende sofort vermuten würde: in den Touristenecken, wie zum Beispiel Agra, wo das Taj Mahal steht, an Flughäfen und Bahnhöfen. Das ist im reichen Zürich nicht anders wie im armen Kolkata.

Dort und nur dort sind die Bettler auch etwas aufdringlich –

was zuweilen stören kann. Dazu eine Geschichte. Wir waren mit einem belgischen Politiker im Zentrum von Mumbai unterwegs. Er wollte unbedingt einem Bettler 100 Rupies geben, das sind weniger als zwei Euro. Von unseren dringenden Warnungen ließ er sich nicht abbringen. Fünf Minuten später standen 100 Menschen – Erwachsene und Kinder – bettelnd um uns herum, sich drängend und sogar miteinander um den besten Platz kämpfend. Einige verfolgten unser Auto noch einen Kilometer weit durch die Stadt. Der Europäer war sprachlos. Er hatte seine Lektion gelernt …

Selbst aufdringliche Bettler werden Sie schnell mit pointiertem Ignorieren los – oder indem Sie nötigenfalls auch mal die Stimme heben und scharf werden.

➲ **Tipp:**
An den touristischen Hot Spots gilt, was übrigens auch die Einheimischen dringend empfehlen: Geben Sie niemals bettelnden Kindern Geld!

Weil hinter dem Kind ein Vater oder Bandenchef steht, der abkassiert: Das Kind sieht so gut wie nichts von Ihrer milden Spende. Wenn mich ein Kind anbettelt, kaufe ich ihm daher lieber etwas zu essen – aber gebe kein Geld.

➲ **Tipp:**
Wenn Sie geben, geben Sie alten Frauen und Kranken. Die betteln für sich selbst.

«Alles dauert so lange!»

Das stimmt – aber das macht nichts. Indien hat ein anderes Tempo, das aber die Wachstumsraten nicht behindert. Wenn Sie zum Beispiel etwas von einer Behörde möchten – und als Investor möchten Sie das recht oft –, dann dauert das erstens wahnsinnig lange. Zweitens ist Indien wie bereits erwähnt ein fantastischer Papierladen. Wenn Sie dann endlich im Amt an der Reihe sind, müssen Sie erst noch ein Formular ausfüllen und dann noch eins und noch eins – es sei denn, Sie schieben von vornherein ein Bakschisch übern Tisch. Dann gehts natürlich schneller.

Andere Länder, andere Sitten. Dieses stressarme Tempo empfinden europäische Investoren an anderer Stelle, zum Beispiel in der Freizeit, als sehr entspannend und angenehmen Kontrapunkt zum amerikanisch-kapitalistisch überhitzten *Rat Race*. Das heißt schlicht: Entweder Sie haben eine Bakschisch-Börse, oder Sie bringen in Indien eben eine Menge Geduld mit.

In Europa wäre das indische Schneckentempo Gift fürs Geschäft, weil man ständig Angst haben müsste, von der Konkurrenz rechts überholt zu werden. Da in Indien aber alle Märkte und Behörden derart langsam arbeiten, ist das Tempo kein Problem.

In vielen Ländern dieser Erde wie Afrika, Südamerika, Indonesien, Thailand oder eben auch Indien können Sie nicht das europäische Tempo voraussetzen.

Das können Sie ja noch nicht einmal in Italien oder Griechenland – genau aus diesem Grund fahren wir übrigens so gerne in diese Länder in den Urlaub. Das indische Tempo ist einfach Gewöhnungssache: Je schneller Sie sich daran gewöhnen, desto besser. Übrigens: Indische Geschäftsleute nervt das langsame Tempo genauso wie europäische Businessleute …

➲ Tipp:

Ein Europäer braucht Geduld in Indien. Sie ist unabdingbare Voraussetzung für den geschäftlichen Erfolg.

Solange Europäer sich noch nicht an das indische Tempo gewöhnt haben, regen sie sich oft in Behörden über deren «Langsamkeit und

Sturheit» auf. Das ist ein Zeichen mangelnder interkultureller Flexibilität: In ein fremdes Land zu fahren und alles an den eigenen, heimatlichen Maßstäben zu messen, zeugt von wenig Respekt den Sitten anderer Länder gegenüber.

Regen Sie sich nicht über die Langsamkeit indischer Behörden auf. Verkneifen Sie sich jeden Kommentar, auch wenn die Versuchung groß ist.

Wenn Sie sich aufregen, dauert alles noch viel länger. Denn Inder sind sehr empfindlich, was Respektlosigkeit anlangt. Sie stellen dann einfach auf stur und machen extra langsam. Regen Sie sich nicht auf, machen Sie es einfach wie die Inder:

➲ **Tipp:**

Eben weil jeder Inder weiß, wie lange es auf Behörden dauert, gehen die Inder nicht selbst, sondern lassen gehen.

Sie schicken einfach den *Servant* oder Mitarbeiter auf Behördengänge. Auch aus diesem Grund haben viele Inder so viele Bedienstete.

Erwarten Sie zu Beginn also nicht zu viel von sich. Die indische Geduld ist wie eine Fremdsprache: Keiner lernt das über Nacht. Üben Sie sich langsam in Geduld.

Im Endeffekt zählt eben nicht, wie schnell das geht, sondern wie rentabel das für Ihr Unternehmen ist. Und da gilt in Indien ein typisch deutsches Sprichwort: Gut Ding will Weile haben. Wenn Sie genug Geduld beweisen, werden Sie in Indien immer belohnt.

«Indien ist doch ein geschlossener Markt!»

Dieses Vorurteil ist recht verbreitet. Es lässt sich schnell entkräften: Wie kann ein Land, das binnen eines Jahres sein ausländisches Direktinvestitionsvolumen auf 15 Milliarden Dollar verdreifacht, ein geschlossener Markt sein?

Woher kommt das Vorurteil? Indien hat relativ spät seine Märkte geöffnet; später als China. Und es hat auch heute noch in einigen Branchen eine Art Staatskapitalismus: Banken, Stromversorgung, Flughäfen, große Bauunternehmen und landwirtschaftliche Kooperativen sind noch in Staatshand. Das geht zurück auf Indira Gandhi, die 1969 über ein Dutzend Privatbanken verstaatlichte, um sich für ihre Regierung die Gunst der kommunistischen Partei zu sichern. Damals waren die Menschen begeistert von diesem mutigen Schritt und jubelten in Massen auf offener Straße. Die meisten armen Menschen in Indien hatten ohnehin noch nie eine Bank von innen gesehen ...

Diesen Erfolg wiederholte die charismatische Premierministerin 1971 bei den bis dato größten demokratischen Wahlen in Indien, bei denen 150 Millionen Menschen wählen gingen. Nach den Wahlen verstaatlichte sie Versicherungen und Kohleindustrie und zwang die Großgrundbesitzer, Teile ihrer Ländereien an arme Kleinbauern abzugeben. Was heute wie sozialistisches Teufelszeug aussieht, hatte damals durchaus seine sozialpolitische Berechtigung. Aber – die Betonung liegt auf damals.

Weil vor über 30 Jahren Indira Gandhi Teile der Wirtschaft verstaatlichte, glauben viele Europäer auch heute noch, dass Indien ein geschlossener Markt sei.

1991 begann die Marktöffnung in Indien, die ab 1998 nochmals an Tempo zunahm. Manmohan Singh, der heutige Premierminister, war damals Finanzminister. Diese Marktöffnung ist heute nicht mehr aufzuhalten – sonst würden Firmen wie DaimlerChrysler, Siemens, Bosch oder SAP nicht in Indien investieren. Der Wind der Verstaatlichung aus Indiras Zeiten hat sich inzwischen um 180 Grad gedreht: Jetzt geht es in die genau entgegengesetzte Richtung; in Richtung Marktliberalisierung.

Eben weil die Märkte geöffnet wurden, schießen momentan die privaten Bau- und Telekommunikationsunternehmen aus dem Boden.

«Indien hat hohe Einfuhrzölle!»

Stimmt. Der Einfuhrzoll auf Wein beträgt zum Beispiel 100 Prozent oder 25 Prozent auf Maschinen (plus nochmals 12,5 Prozent Countervalue Tax). Auf Autos beträgt der Zoll 105 Prozent. Das heißt: Ein Golf für 20000 Euro kostet in Indien mehr als 40000 Euro! Wie kann sich ein Inder da überhaupt einen Golf leisten? Indem Volkswagen in Indien produziert. Zum Beispiel hat Suzuki die Mehrheit an Maruti, der meistverkauften Automarke in Indien. Das Zollproblem erledigt sich also, sobald Sie im Inland produzieren.

Viele europäische Firmen produzieren bereits in Indien und lassen sich höchstens das eine oder andere Ersatzteil aus dem europäischen Heimatland kommen. Außerdem hat Indien ein WTO-Abkommen unterzeichnet, nach dem es jedes Jahr die Einfuhrzölle kontinuierlich senkt. Trotz der Zölle sind heute die Importe höher als die Exporte.

3 Kasten, Klane und Business

Wie wir schon an der Schule gelernt haben, gibt es in Indien ein Kastensystem. Kann man das nicht einfach ignorieren? Was haben Kasten denn mit Business zu tun? Ich habe den Verdacht, dass viele europäische Geschäftsleute so denken, um sich nicht mit dem ungewohnten Thema Religion beschäftigen zu müssen. Die Sache hat nur einen Haken: Für einen Inder sind Europäer oder Amerikaner ungläubige Heiden. Denn in Indien ist die Religion so allgegenwärtig wie die Luft zum Atmen. Die Auswirkungen aufs Business sind enorm und für Westler stark gewöhnungsbedürftig.

Neulich sagte eine Inderin zu mir: «Seid ihr Europäer und Amerikaner nicht sowieso alle geschieden?» Ich war bass erstaunt – aber so nehmen die Inder uns wahr!

Je früher Sie die religiösen Hintergründe im Business durchschauen, desto eher werden Sie mit den typisch indischen Besonderheiten umgehen können.

Warum werden in Indien zum Beispiel Unterschriftstermine ohne jeden (für Westler!) ersichtlichen Grund verschoben? Warum tippen sich europäische Businessleute täglich mehrmals an die Stirn, wenn sie einen indischen Geschäftspartner mal wieder nicht verstehen? Die Antwort ist eben vielfach: aus religiösen Gründen, die der Europäer nicht kennt. Diese Wissenslücke soll jetzt – zumindest ansatzweise – geschlossen werden.

Klanbildung

Typisch für Indien ist die Klanbildung. Ein Klan besteht aus Indern derselben Abstammung und Religion. Die Privatbanken, die im 19. und 20. Jahrhundert entstanden, wurden beispielsweise von Hindus, Katholiken, Moslems und Jains gegründet: Jede Volksgruppe gründete quasi ihre eigene Bank, zum Beispiel für Hindus die Gujerati-Banken.

Wenn Sie also gemeinsam mit einem indischen Geschäftsmann ein Projekt planen, dann wird Ihr indischer Partner sich mit Netzwerkpartnern aus seinem Klan zusammentun und vielleicht sagen: «Ich kenne da jemanden in Delhi, der organisiert das für uns.» Prima, werden Sie denken, dass er zufällig Beziehungen nach Delhi hat. Von Zufall kann keine Rede sein: Der «zufällige» Kontakt ist einfach ein Klanmitglied. Und innerhalb des Klans kennt man sich eben.

Die Klane machen das riesige, unüberschaubare Indien zu einem relativ kleinen, überschaubaren Land. Klane sind in moderner Managementsprache ausgedrückt ausgezeichnet organisierte, informelle Netzwerke. Die meisten indischen Geschäftsleute sind auf diese Weise über ganz Indien vernetzt. Die Klane bilden quasi eine informelle Infrastruktur.

Ein indischer Geschäftsmann macht lieber mit jemandem aus seinem eigenen Klan Geschäfte oder mit jemandem aus seiner politischen Partei, weil dieser Partner angeblich «die besten Kontakte hat!» Dabei ist er lediglich aus demselben Klan oder derselben Partei.

➲ **Tipp:**

Machen Sie den Gegencheck: Hat der empfohlene Kontakt tatsächlich die besten Beziehungen, oder ist er lediglich im selben Klan/in derselben Partei wie Ihr indischer Partner?

Religionen in Indien

Wie schon aus den Einleitungsseiten ersichtlich (Seite 12), hat Indien ein breites religiöses Spektrum:

Religion	Anteil an der Bevölkerung	Anzahl der Gläubigen
Hindus	80,5%	820 Millionen
Moslems	13,4%	138 Millionen
Christen	2,34%	24 Millionen.
Sikhs	1,9%	18 Millionen
andere (Parsen Buddhisten, Jains)	1,92%	19 Millionen

Dass in Indien Kasten existieren, weiß so ziemlich jeder. Leider stimmt dieses Halbwissen nicht ganz: Nur die Hindus haben Kasten – übrigens mit zahlreichen Unterkasten.

Den Hinduismus nur auf das Kastenwesen zu reduzieren, greift allerdings zu kurz. Für den Inder ist der Hinduismus «A way of life», der auch viele Dinge des Alltags regelt: Tagesabläufe sind festgeschrieben, Wochentage haben ihre Bedeutung. Für das Kastenwesen gibt es keine wirklich religiöse Begründung. Bereits Bose, der bekannte «Freedomfighter», hatte sich entschieden, wenn auch vergeblich, dagegen gewandt.

Die Kasten schaffen eine gewisse Ordnung im Gesellschaftssystem: Jeder weiß, wohin er gehört, welche Regeln, Aufgaben, Rituale und Verhaltensweisen damit verbunden sind. Man wird in ein festes soziales Milieu geboren, das einen über das ganze Leben begleitet. Das heißt: Der Einzelne kann ihm nicht entfliehen. Er findet dort aber auch einen Teil seiner Identität und feste Zugehörigkeit zu einer Gruppe, die ihm eine Art Heimat bietet – was vielen Europäern fehlt. Ein Hindu bekommt auch viel leichter einen Termin bei einem viel beschäftigten Minister, wenn dieser derselben Unterkaste angehört.

Kein Europäer kann alle Unterkasten kennen, doch mit den Hauptkasten sollte man sich auskennen:

- Die Brahmanen bilden die höchste Kaste urtümlich aus Priestern und Gelehrten.
- Die Kshatriyas sind die Kaste der Landbesitzer und Krieger.
- Die Vaisyas sind Händler und Kaufleute.
- Die Sudras sind Bauern und Arbeiter und sollten früher die drei ersten Kasten bedienen.
- Die Kastenlosen nennt man Dalits oder Parias («die Unberührbaren»).

Staatlichen Unternehmen schreibt das Gesetz Quoten vor, nach denen Mitarbeiter unter Berücksichtigung ihrer Kaste und Religion eingestellt werden müssen.

Es wird immer mal wieder diskutiert, ob man diese Quoten auch privaten Unternehmen vorschreiben sollte – doch diese Überlegungen sind anhaltend vage.

Europäische Geschäftsleute befürchten manchmal, dass die vielen unterschiedlichen Religionen zu Spannungen im Geschäftsleben führen. Das ist unbegründet.

Zwar hat Indien auch seine religiösen Reibereien, und dies seit den Trennungswirren zwischen Indien (vorwiegend hinduistisch) und Pakistan (muslimisch) im Jahre 1947. Auch haben in den vergangenen Jahren hinduistische Fanatiker religiöse Unruhen angefacht oder Moslemfanatiker Bomben explodieren lassen. Gemessen an der Größe des Landes und der Anzahl seiner Einwohner sind diese Konflikte aber bisher relativ moderat verlaufen.

Grundsätzlich kann man davon ausgehen, dass in Indien alle Religionen ganz selbstverständlich miteinander Geschäfte machen. Im alltäglichen Business ist man sich zwar seiner Religion und Kaste bewusst, doch das Projekt, an dem man gemeinsam arbeitet, steht im Vordergrund.

Die Religion prägt die Berufswahl

Die Religion hat in Indien traditionell starken Einfluss auf die Berufswahl: Viele Moslems üben handwerkliche Berufe wie Tischler, Bäcker, *Polisher* oder Antiquitätenhändler aus, weil sie, verglichen mit Menschen der anderen Religionen, über eine geringere Bildung verfügen und weil sie das handwerkliche Vakuum ausfüllen, das die Hindus erzeugen. Damit keine Missverständnisse entstehen: Es gibt heute auch viele Moslems, die im Geschäftsleben tätig und gut ausgebildet sind.

Hindus üben ungern Berufe aus, bei denen man sich im buchstäblichen Sinne die Hände schmutzig macht. Deshalb finden sich von den zirka 135 Millionen Brahmanen viele in der IT-Industrie und in anderen so genannten *White Collar Jobs*: Der Kaste der Gelehrten steht ein gehobener Bürojob eben besser zu Gesicht als eine Arbeit an der Werkbank. Christen wiederum sind traditionell Fischer, weil Wasser für Hindus eine besondere religiöse Bedeutung hat. Die Sudras (Bauern) haben selten Akademiker-Kinder. Jains sind von alters her Händler. Und so ist auch der Diamantenhandel in Antwerpen zu weiten Teilen in Jain-Hand.

Spätestens an dieser Stelle reagieren Europäer meist etwas verunsichert: «Klane, Kasten und so viele Religionen – alles recht komplex, nicht wahr?» Das stimmt. Und genau aus diesem Grund sollten Sie sich immer dann, wenn diese Religionskomplexität Ihrem Business gefährlich werden könnte, einheimische Unterstützung holen; zum Beispiel bei der Mitarbeiter-Rekrutierung.

➲ **Tipp:**
Weil Religion und Kasten ein so komplexes Thema bilden, sollten Sie bei Rekrutierung und Teambildung immer einen einheimischen HR-Experten dabeihaben.

Das Thema Religion im Business ist zu komplex, und die Folgen sind zu gravierend, als dass es ein Europäer im Alleingang bewältigen könnte. Daher sollte ein europäischer Geschäftsmann ohne Unterstützung seines einheimischen indischen HR-Leiters keine Mitarbeiter ein- oder Teams zusammenstellen.

Wer diesen Rat in den Wind schlägt, riskiert Aufruhr im Betrieb. Würden Sie zum Beispiel unbedacht einen kompetenten Mann aus den Dalit zum Teamleiter ernennen, könnte das Ärger mit den Brahmanen im Team geben. Es würde zu Aufruhr und Betriebsstörungen kommen. Denn ein Brahmane arbeitet nicht gerne unter einem Dalit. Wenn Sie mit einem Brahmanen auch nur über einen Dalit reden, können Sie schon an seiner Mimik ablesen, dass ihm das unangenehm ist. Wobei es auch Gegenbeispiele gibt: Ex-Präsident K. R. Narayan war ein exzellent ausgebildeter Dalit.

Nach der Flutkatastrophe an Weihnachten 2004 mussten die Hilfsorganisationen in einigen zerstörten Dörfern eine zweite Trinkwasserausgabe einrichten, weil die Dorfbewohner die Dalits nicht an das Trinkwasser ließen. Aus demselben Grund mussten gesonderte Notunterkünfte gebaut werden: Nicht einmal in der größten Not würde ein Kastenmitglied auch nur dasselbe Dach mit einem Kastenlosen teilen. Das erscheint Ihnen grausam? Ich würde es anders formulieren – es ist anders. In Indien sind eben nicht alle Menschen gleich – und jeder akzeptiert das. Auch die Dalits. Die Geburt in die heutige Kaste ist für den Inder die direkte Auswirkung seines früheren Lebens.

Europäische Empörung und Rufe nach Beendigung der «Diskriminierung» sind unangebracht – einmal ganz davon abgesehen, dass die Inder die Empörung nicht verstehen würden. Inder fügen sich in das, was man landläufig Schicksal oder Karma nennt, mit ungeheurer Gelassenheit. Sie jammern und klagen nicht. Denn wenn sie ihr Schicksal in diesem Leben ertragen, dann werden sie im nächsten Leben etwas Besseres!

Unabhängig davon gibt es zwei «Gleichmacher», die allen Vorstellungen der Kontinuität des Kastenlebens tendenziell den Boden entziehen: zum einen die indische Demokratie, die bei allen Schwächen des Systems eben auch den «Unberührbaren» eine Stimme geeben hat, und zum anderen der Sog urbaner und mittelständischer Lebensweisen, der viele traditionelle Lebensvorstellungen modifiziert.

Das Kastensystem hat seine Kuriositäten. Zu verzwickten Situationen führt beispielsweise der Brauch, vorzugsweise innerhalb der eigenen Kaste und Heimatregion zu heiraten. Ein Brahmane aus dem Norden von Karnataka kann daher nur eine Brahmanin aus dem Norden von Karnataka ehelichen. Weil der Norden von Karnataka jedoch kein besonders weitläufiger Landstrich ist, gestaltet sich die Brautschau mangels geeigneter Kandidatinnen für heiratswillige Brahmanen als recht schwierig. Natürlich könnte der Brahmane einfach irgendeine nette Inderin heiraten, die er liebt. Doch da spielt die Familie oft nicht mit. Denn im Hinduismus steht nicht das Individuum im Mittelpunkt, wie in der westlichen Welt, sondern die Gruppe und das Team.

Das Kastensystem hat sich sogar auf die Katholiken in Indien übertragen. Aus diesem Grund finden Sie in indischen Zeitungen auch jede Menge Heiratsannoncen mit kuriosen Aussagen wie: «Römisch-katholischer Brahmane sucht …» Ein Europäer, der das zum ersten Mal sieht, stellt sich überrascht die Frage: Seit wann gibt es im Christentum Kasten? Das gibt es nur in Indien.

Kastenklagen

Die Kastenzugehörigkeit eines Kindes wird immer vom leiblichen Vater übertragen; im Gegensatz zum Beispiel zum Judentum, bei dem die Mutter die Religionszugehörigkeit bestimmt. Ist der Vater Brahmane, sind seine Kinder es auch – egal, welcher Kaste die Mutter angehört. Diese Tradition führt hin und wieder zu Gerichtsprozessen, die für den uninformierten Europäer schwer zu verstehen sind.

Wenn sich zum Beispiel ein Bewerber um eine Position bei Regierung oder Verwaltung bewirbt, die quotiert ist, zu der also im Sinne der Chancengleichheit nur Angehörige einer bestimmten Kaste zugelassen sind, dann klagen abgewiesene Bewerber oft mit der Begründung: «Meine Mutter war nie wirklich mit meinem Vater verheiratet!» Die Mutter hat nämlich die «richtige», der Vater die «falsche» Kaste für die Verwaltungskastenquote.

Kennt sich ein Europäer mit dem Kastensystem aus, kann er solche Prozesse einordnen. Leider herrscht in Europa noch oft genug eine gewisse Unwissenheit Indien betreffend. Diese führt dazu, dass sich Europäer bei solchen und ähnlichen Kastenkuriosa ein dutzendmal täglich an den Kopf greifen und ausrufen: «Was soll denn das nun wieder? Spinnen die Inder jetzt total? Warum will jemand per Klage erreichen, dass die Ehe seiner Eltern annulliert wird?»

Religion und Politik

Auch im Parlament gibt es Quoten für die einzelnen Kasten und im Übrigen auch für Frauen (33 Prozent). Indien ist zwar ein säkularer Staat, das heißt, Religion und Politik sind verfassungsrechtlich getrennt. Nichtsdestotrotz spielt die Religion stark in die Politik hinein.

So können Sie in der Zeitung immer wieder riesige Anzeigen von Politikern sehen, mit denen ein Pooja (gesprochen: *Puhdscha*) angekündigt wird. Das ist eine festliche Hindu-Zeremonie, mit der eine Grundsteinlegung, eine Einweihung eines Gebäudes, die Auflegung eines Straßenbauprojektes oder auch viele kleinere Anlässe begangen werden – selbst wenn das Projekt danach nie realisiert wird. Das macht nichts: Mit dem Pooja hat der Politiker seine Wählerschaft unter dem Etikett eines religiösen Brauches erfolgreich gepflegt.

Andere Religionen, andere Feiertage

Und das ist schon fast ein Basis-Tipp: Wer in Indien Geschäfte macht, braucht einen Feiertagskalender. Kaufen Sie sich einen im Handel und lesen Sie sich ein oder lassen Sie sich briefen. Denn selbstverständlich hat jede der vielen Religionen ihre eigenen Feiertage, die dann noch von Bundesland zu Bundesland differieren. Es gibt Feiertage wie Weihnachten, die alle Inder begehen, und Feiertage wie zum Beispiel «Eid», die nur Moslems begehen. Deshalb sollte sich eine europäische Führungskraft ganz zu Beginn mit ihren indischen Mitarbeitern (und dem indischen HR-Experten!) zusammensetzen, um die Feiertagsregelung auszuknobeln: Wann fehlt welcher Mitarbeiter feiertagsbedingt? Bei der Erstellung dieser Feiertagsliste sollten die indischen Mitarbeiter unbedingt einbenommen werden. Inder reagieren sehr sensibel, wenn ihre Feiertage nicht respektiert werden.

Ist die Liste erst einmal erstellt und vor allem schriftlich verbreitet, hat die Feiertagsvielfalt erfahrungsgemäß keinen störenden Einfluss auf den Wertschöpfungsprozess. Denn wenn der moslemische Kollege feiert, hilft eben der Hindu-Kollege oder der Christ aus und umgekehrt.

Die «Feiertagsfrage» sollten Sie übrigens auch bei Terminvereinbarungen im Auge haben. Achten Sie also auch hier auf die regional unterschiedlichen Feiertage.

Sie sollten also die indischen Feiertage nicht nur kennen, um zu wissen, wann welche Mitarbeiter abwesend sind, sondern auch, um die Gebräuche verstehen und beachten zu können.

Nichts kommt in einem fremden Land schlechter an als Ignoranz einheimischer Gebräuche. Das wird Europäern sofort als Arroganz ausgelegt, was nicht unbedingt geschäftsfördernd ist. So sollte man zum Beispiel wissen,

- dass man sich in Indien nicht zu Weihnachten Karten schickt, sondern zu Diwali, dem Hindu-Lichtfest,
- dass Diwali nur für die Jains gleichzeitig Neujahr bedeutet,
- dass man zu Diwali seinen indischen Mitmenschen «Happy Diwali!» wünscht,
- dass man an Holi (einem Hindu-Feiertag) kein helles oder zumindest kein gutes Sakko tragen sollte, weil das an diesem Tag mit roter Farbe bepudert wird; vergleichbar mit dem deutschen Brauch, an der so genannten Altweiberfasnacht Krawatten abzuschneiden,
- dass man Holi nur in Nordindien feiert, also bis Mumbai. An Holi feiert man das Ende des Winters – und im Süden gibt es eben keinen Winter.

Die Shikranti-Verzögerung

Europäische Geschäftsleute erzählen mir immer wieder amüsante bis haarsträubende Geschichten, wie ihre Unkenntnis der religiösen Gepflogenheiten des Landes ihnen das Geschäft verhagelt oder ausgebremst hat. Auch wir können einige Strophen davon singen.

Ich erinnere mich noch gut an eine besonders überraschende geschäftliche Vollbremsung. Wir hatten ein attraktives Projekt laufen und brauchten dafür noch die Unterschrift eines Geschäftspartners. Doch der Partner wollte nicht unterschreiben. Als wir mit Nachdruck nach dem Grund für seine Weigerung fragten, haben wir uns wohl als unwissende Europäer geoutet. Denn der Geschäftspartner gab uns, erstaunt darüber, dass wir so etwas Selbstverständliches nicht wussten, unmissverständlich zu verstehen, dass es für einen gläubigen Hindu vollkommen logisch sei, nach Shikranti (14. Januar) vier Wochen lang keine Verträge zu unterschreiben. Wir hatten das Vertragswerk erst zum 14. Januar vorliegen – also mussten wir geschlagene vier Wochen auf unsere Unterschrift warten. Das ist indisches Business!

Shikranti ist das Erntedankfest, das aber nur im Süden, ab Mumbai südwärts gefeiert wird. Wem diese religiösen Bräuche bekannt sind, der kann sich problemlos darauf einstellen. Wem sie nicht bekannt sind, der macht sich mehr Probleme als nötig sind.

Glaube, Aberglaube, Spiritualität

Glaube, Aberglaube und Spiritualität sind in Indien stark ausgeprägt. Ich kenne eine Menge indischer Geschäftsleute, die jeden Tag eine Stunde zu Hause meditieren, bevor sie ins Büro fahren. Diese spirituelle Praxis ist vor allem den Hindus wichtig.

Auch wenn Ihnen ein Inder erzählt, er habe einen Guru, oder wenn Sie das Bild eines Gurus im Büro eines Inders sehen, ist das nichts Ungewöhnliches. Viele Inder haben einen spirituellen Lehrer. Einige dieser Gurus sind auch in Europa bekannt, wie Auro Bindo in Pondicherri oder Sai Baba in Bangalore. Daneben gibt es zahllose Gurus, von denen der Europäer noch nie etwas gehört hat. Viele Gurus unterhalten einen Tempel und einen Ashram, also eine Stätte, an der man in der Gemeinschaft anderer leben und lernen kann. Die Beatles haben übrigens in einem Ashram das Sitarspielen gelernt.

➲ **Tipp:**

Man muss als Europäer nicht unbedingt einen Ashram besucht haben. Aber man muss wissen, dass Inder sehr viel stärker spirituell orientiert sind als wir.

Neulich saßen wir mit vier indischen Geschäftsleuten beim Abendessen. Zwei unterhielten sich angeregt über ihre Gurus. Der eine schickte dem anderen ein Bild seines Gurus auf sein Handy – und so hat er quasi ganz nebenbei die Handy-Nummer eines Topmanagers bekommen!

Viele Gurus verfügen über Fonds mit Milliarden-Dollar-Volumen und setzen das Geld für soziale Zwecke ein, zum Beispiel für den Bau von Krankenhäusern. Gerade weil es dabei um so viel Geld geht, gibt es innerhalb des *Board of Directors* dieser Fonds häufig heftige Streitereien um Macht und die Verwendung der Gelder.

➲ **Tipp:**

Inder unternehmen gerne Wallfahrten zu heiligen Stätten. Das ist ihnen wichtig. Daher sollten Sie das auch respektieren.

Wenn Ihnen ein indischer Geschäftsmann erzählt, er habe sein Büro nach Vaastu-Prinzipien eingerichtet, meint er damit das indische Pendant zu Feng-Shui.

In Europa würde das einiges Erstaunen hervorrufen, in Indien sollten Sie sich die europäische Spontanreaktion verkneifen: Alltag und Business sind in Indien viel stärker spirituell geprägt als in Europa. So lassen sich fast alle Hindus vor der Hochzeit oder einer wichtigen Geschäftsentscheidung das Horoskop stellen – und sie nehmen das sehr ernst. Etliche Hochzeiten haben nicht stattgefunden, weil die Horoskope der Eheleute in spe nicht zusammenpassten.

Minister betreten nach ihrem Amtsantritt Amtswohnung oder

Büro nicht vor einem bestimmten Datum, das ihr Guru ihnen ausgerechnet hat. Bei vielen Ministern schaut regelmäßig jede Woche der Guru vorbei, um den Minister zu beraten. Es kann Ihnen passieren, dass Sie im Wartezimmer eines Ministers neben einem Guru im Lungi, mit freiem Oberkörper und Trishul (Dreizack) auf Ihre Audienz warten. Diese spirituelle Ausrichtung geht durch alle Bevölkerungsschichten, vom Akademiker bis zum Bettler.

Der Guru, der spirituelle Lehrer, ist eine geachtete Autorität, der man folgt. Das sollten wir nicht belächeln, sondern akzeptieren.

Warum können Sie in Indien nicht im Freien Alkohol zu sich nehmen? Warum gibt es keine Biergärten, Straßencafés oder Restaurants mit Sonnenterrasse? Weil es sich, außer in Goa, aus religiösen Gründen nicht geziemt, unter freiem Himmel Alkohol zu trinken. Deshalb sind indische Pubs auch ungefähr so dunkel wie europäische Discos: Es soll keiner sehen, wo Alkohol getrunken wird. Diese religiöse Besonderheit hat auch eine gute Seite: Ich habe noch nie einen Bettler mit Flasche gesehen.

Veden, Yoga, Ayurveda

«Das stand schon in den Veden!» ist ein geflügeltes Wort in Indien. Die Veden (Vedas) sind die heiligen Schriften Indiens. Europäern geht dieser häufig zu hörende Spruch oft auf die Nerven, weil sie ihn für arrogant halten. Da informiert man den indischen Geschäftspartner über eine brandneue Entwicklung, und der will das alles angeblich schon wissen! Das Missverständnis ist: Der Inder möchte mit dem Spruch nicht nerven, sondern lediglich ausdrücken, welches Indien eine große Tradition hat und dass die Inder das Volk sind, das das Wissen auf die Welt gebracht hat. Eine ähnliche Überzeugung finden Sie auch bei älteren Griechen und Ägyptern.

➲ **Tipp:**

Lassen Sie sich nicht durch die vermeintliche Besserwisserei der Inder auf die Palme bringen.

Einen Aspekt der allgegenwärtigen indischen Spiritualität kennen Sie bestimmt: Ayurveda. Das ist eine 2000 Jahre alte Heilmethode, die man an vielen indischen Universitäten studieren kann. Sie hilft dem Körper, sich selbst zu helfen. Viele Inder gehen regelmäßig zur Ayurveda-Kur.

➲ **Tipp:**

Eine Ayurveda-Kur in Kerala ist jedem Europäer zu empfehlen. Sie wirkt herrlich entspannend für gestresste Geschäftsleute.

Wie selbstverständlich das Spirituelle im indischen Alltag, Business und öffentlichen Leben seinen Platz hat, erkennen Sie auch daran, dass die Polizei von Mumbai ihren berufsbedingten Stress ganz offiziell per Yoga-Kurs abbaut. Eine Übung, die sicher auch einer europäischen Großstadtpolizei gut tun würde … In Europa lässt man beim Business Spiritualität und Religion links liegen. In Indien gehören Business und Religion ganz selbstverständlich zusammen.

4 Inder ist nicht gleich Inder

Wenn europäische Geschäftsleute angesichts rätselhaften Verhaltens indischer Geschäftspartner, Führungskräfte und Mitarbeiter manchmal haareraufend klagen: «Ich verstehe die Inder nicht!», möchte ich am liebsten fragen: «Welche Inder denn?»

Inder ist nicht gleich Inder. Indien ist so groß, dass die Unterschiede zwischen den einzelnen Bevölkerungsgruppen oft größer sind als zwischen Schweden und Portugiesen.

Wenn Europäer über «die Inder» sprechen, implizieren sie meist eine homogene Volksgruppe – nichts ist weiter von der Realität entfernt. In Indien ist es nicht so wie in China, wo 90 Prozent der Bevölkerung Han-Chinesen sind. In Indien gibt es so viele unterschiedliche Rassen, Sprachen, Religionen und Hautfarben, dass die Unterschiede zwischen den Bevölkerungsgruppen gravierend und fürs Business äußerst bedeutsam sind.

Man darf nicht vergessen: Indien wurde von verschiedensten Rajs (Hindu-Königen) und Moguln (Moslem-Könige und -Kaiser) regiert. Erst die Engländer haben aus Indien eine politische Einheit gemacht. In der Zeit der Unabhängigkeit haben sich der muslimische Norden Pakistan und Ostpakistan (heute Bangladesch) abgespalten.

Die Landflucht

Als ob die regionalen Unterschiede in Indien nicht schon gravierend genug wären, kommt noch hinzu, dass die anhaltende Landflucht die einzelnen Bevölkerungsgruppen fortlaufend vermischt. So wachsen die großen Städte seit Jahrzehnten unaufhaltsam an. Pune hatte vor 50 Jahren noch 500000 Einwohner, heute hat es unglaubliche 5 Millionen. Bangalore war damals eine mittelgroße Stadt, heute hat es 7 Millionen Einwohner und ist das Silicon Valley Indiens. Weil auf dem Land kaum Arbeit zu finden ist, strömen die Massen in die Städte. Das hat direkte Auswirkungen auf Ihre Standortwahl.

Einen High-Tech-Standort sollten Sie nicht, wie in Europa möglich und durchaus üblich, auf der grünen Wiese wählen. Denn wegen der Landflucht ist es sehr wahrscheinlich, dass die qualifizierten Techniker und Ingenieure, die Sie suchen, schon lange in die Städte abgewandert sind. Zum Beispiel ein Ingenieurbüro auf dem Land zu eröffnen, halte ich unter Recruiting-Gesichtspunkten für ein schwieriges Vorhaben: Die Ingenieure, die für Sie arbeiten sollten, sind oft gar nicht mehr da.

Die landflüchtigen Inder verändern mit ihrer Zuwanderung laufend die urbane Kultur. Nehmen wir zum Beispiel Mumbai. Vor hundert Jahren wurde dort zu fast 90 Prozent Marati gesprochen, heute nur noch von 30 Prozent der Bevölkerung. Die überwiegenden 70 Prozent sprechen Hindi, Gutjerati, Konkani, Tamil oder Malayalam: Das sind die Sprachen der Zugezogenen oder «Reig'schmeckten», wie der Bayer sagt. Das heißt aber auch: Der Sprachenmix in den Unternehmen ist vielfältig, bunt und ändert sich ständig.

Es ist für ein Unternehmen gar nicht so einfach, wenn sich ständig die Sprachen und Religionen im Betrieb ändern. Die Entwicklung ist vergleichbar mit den 60er- und 70er-Jahren in Europa: Damals strömten die Gastarbeiter in die europäischen Firmen und stellten diese plötzlich vor das Problem der Mehrsprachigkeit, aber auch der Mentalitätsunterschiede und der unterschiedlichen Gewohnheiten.

➲ **Tipp:**
Wenn Sie indische Mitarbeiter beschäftigen, sollten Sie wissen, was typisch ist für die Regionen, aus denen die Mitarbeiter kommen. Sonst werden Sie sie weder verstehen noch motivieren oder überhaupt führen können.

Die unterschiedlichen Regionen Indiens zeichnen sich durch unterschiedliche Gepflogenheiten, Religionen, Sprachen, Feiertage und Feste aus. Holi, das Ende des Winters, wird beispielsweise nur von Nordindern gefeiert – weil es im Süden keinen Winter gibt. Wenn nun aber Nordinder und Südinder an Ihrem Unternehmensstandort in Mumbai arbeiten, kann es sein, dass der Nordinder gerne Holi frei hätte – während einen Südinder dieser Feiertag nicht interessiert.

Alle Unternehmen führen aus diesem Grund festgeschriebene Feiertagslisten, die regional sehr unterschiedlich sind. Das heißt aber auch: Wenn Sie zum Beispiel in Delhi eine Niederlassung haben und eine neue in Chennai (Tamil Nadu) eröffnen, können Sie nicht einfach die alte Feiertagsliste mitnehmen.

Der Arier-Schock

Insbesondere deutsche Geschäftsleute reagieren peinlich berührt bis schockiert, wenn sich Nordinder als «Arier» bezeichnen und nonverbal durchscheinen lassen, dass sie Südinder für nicht ganz vollwertige Inder erachten.

Dieses Verhalten ist weniger schockierend, als europäische Geschäftsleute oft annehmen, und erklärt sich aus der indischen Geschichte: Nordinder sind im Wuchs größer und auch hellhäutiger als die Südinder, die vor 3000 Jahren unter anderem von Persien und Afghanistan nach Indien eingewandert sind. Da die Nordinder rein ethnologisch betrachtet tatsächlich einer anderen Rasse, nämlich der arischen angehören, ist die Verwendung des arischen Rassenbegriffs schlicht korrekt.

Das heißt nicht, dass die Nordinder alles Rassisten sind, sondern dass sie lediglich einen gesunden Volksstolz vor sich hertragen und es die Südinder spüren lassen, dass sie sich für etwas Besseres halten. Die Südinder ihrerseits sind stolz darauf, dass sie die Ursprungsinder (Dravidaner) sind.

Dass Nordinder sich über Südinder stellen, wird in Business-Situationen immer mal wieder deutlich. Ein Nordinder würde das nie offen aussprechen – aber er handelt nonverbal danach. Für das untrainierte europäische Auge sind diese stummen Signale oft nicht auf den ersten Blick erkennbar. Doch sie sind vorhanden und fürs Geschäftsleben sehr bedeutsam.

Für geradezu überragend halten sich die Einwohner von Delhi – weil Delhi Regierungssitz ist und viele Neuerungen wie die erste Metro oder die ersten Busse und Rikschas mit Gasbetrieb in Delhi zum ersten Mal eingeführt wurden. Die Delhitis meinen deshalb, noch stärker auf die Süd- und Ostinder herabblicken zu können.

Wenn Sie Geschäftspartner einladen

Nordinder erscheinen Europäern extravertiert: Sie reden gern, laut und viel, sind kontaktfreudig. Südinder geben sich zurückhaltender, konservativer, sparsamer – und vor allem: Sie sind meist Vegetarier.

➲ **Tipp:**

Wenn Sie indische Geschäftspartner zum Essen einladen, sollten Sie wissen, aus welchem Landesteil sie kommen.

Wenn indische Businessleute in Europa zu Gast sind, muss der Gastgeber oft erst tagelang suchen und danach mit seinen Gästen kilometerweit fahren, bis er ein Restaurant findet, das vorzeigbare, vegetarische indische Kost bietet.

Nordinder wollen etwas anderes essen als Südinder. Einem Punjabi können Sie nicht nur Reis und Gemüse kredenzen und einem Südinder nicht bloß Fleischgerichte: Da reagieren beide sauer.

Aus diesem Grund ist alles Kulinarische in Indien zweigeteilt: in *Veg* (gesprochen: wetsch) und *Non-Veg*. Diese Unterscheidung nach vegetarischem und nichtvegetarischem Essen können Sie auf Restaurantschildern, Speisekarten oder auch im Flugzeug sehen oder hören, wenn zum Beispiel die Stewardess mit «veg or non-veg?» nach Ihrem Essenswunsch fragt. In Südindien sind fast alle Kantinen Veg-Kantinen.

Der konservative Süden

Dass der Süden sich konservativer als der Norden gibt, sehen Sie auch am Nachtleben – wenn man in Indien überhaupt von einem Nachtleben sprechen kann (Ausnahme: Mumbai). In Städten wie Chennai (Madras) oder Cochin und sogar Bangalore, der IT-Hauptstadt, werden um 22 Uhr die Bürgersteige hochgeklappt. Hier finden Sie auch längst nicht so viele Kneipen und Bars wie in Mumbai oder Delhi.

Mumbai (auch: Bombay) lebt 24 Stunden am Tag. Viele Geschäfte und Märkte haben bis Mitternacht geöffnet, das Straßenleben pulsiert, die Menschen reden und essen auf der Straße, kaufen ein – deshalb empfinden westliche Businessleute Mumbai als sichere Stadt: Hier kann man auch noch um zehn Uhr nachts den lokalen Stadtzug (eine Art S-Bahn mit *Lady-Compartments*) nehmen, ohne sich gefährdet zu fühlen. In Delhi oder Bangalore ist ab

21 Uhr kaum mehr ein Mensch zu Fuß auf der Straße – was auch nicht ratsam ist.

Das gesellschaftliche Leben

In Delhi als Regierungssitz mit seinen Botschaften, Beamten, Politikern und Bürokraten läuft das gesellschaftliche Leben sehr privat ab: Auf die maßgeblichen Partys kommen Sie nur mit persönlicher Einladung. Das ist in einigen europäischen Metropolen auch so. Hamburg sagt man beispielsweise ebenfalls ein im Sinne des Wortes äußerst exklusives gesellschaftliches Leben nach.

In Mumbai dagegen ist das öffentliche Leben tatsächlich öffentlich: Frei zugängliche Veranstaltungen, Anlässe und Events gibt es zuhauf. Mumbai ist polyglott: Weil dort Inder aus ganz Indien ihr Glück versuchen, geht es dort sehr offen und weltstädtisch zu. Nicht zuletzt auch deshalb, weil in Mumbai das indische Hollywood, daher kurz: Bollywood, beheimatet ist. Inzwischen laufen im deutschen Privatfernsehen auch die ersten indischen TV-Soaps aus der Traumfabrik Bollywood. Mumbai ist die internationalste Stadt Indiens.

Schwierige Regionen

Dic Inder, die im Nordosten leben, in Assam und Sikkhim, in Manipur, Nagaland, Arunachal Pradesh oder Tripura, erinnern vom Aussehen an den mongolischen Typ: kleiner Wuchs, Mandelaugen. Oder wie ein österreichischer Geschäftsmann einmal meinte: «Die sehen gar nicht aus wie Inder!» – für das europäische Auge. Die Ostvölker erscheinen schüchtern, fast verschlossen; mehr noch als die Südinder. Sie haben den Ruf, zuverlässig und ehrlich zu sein, wenn sie außerhalb ihres Bundesstaates arbeiten.

Erschwert werden Geschäfte im Osten von vielen Unruhen,

die immer wieder von kleineren, bewaffneten Stämmen angezettelt werden, was ein Egagement dort nicht empfehlenswert macht. Erst seit Premierminister Singh im Amt ist, lassen die Unruhen im Osten derzeit etwas nach.

➲ **Tipp:**
Sie sollten derzeit noch die Finger vom Osten lassen.

Dasselbe gilt für den Norden von Indien: Speziell in UP (englisch gesprochen: *iu pi*, Uttar Pradesh), Bihar und Jharkhand gibt es noch jede Menge ungeschriebener Gesetze, deren Einhaltung nichtsdestotrotz von jedem Geschäftsmann erwartet wird. Für Europäer ist das schier unmöglich: Wie einhalten, was man nicht kennt, weil es nirgendwo steht?

Im Norden kommt es immer noch vor, dass gewählte Volksvertreter einfach ins Gefängnis gesteckt werden. Fürs Business heißt das schlicht: Im Norden ist Rechtssicherheit nicht gewährleistet. Und unter Rechtsunsicherheit kann man keine Geschäfte machen. Einmal vom Norden abgesehen hat Indien ein sehr weit entwickeltes Rechtssystem. Man sagt, es sei deutlich besser als China.

Im Norden treiben auch die *Naxalites* ihr Unwesen. Das sind organisierte, bewaffnete Banden, die gegen das kapitalistische System kämpfen. Meist sind es arme Leute, die sich zusammengeschlossen haben, um wie einst Robin Hood für Wasser und Energie für die ärmeren Schichten zu kämpfen, dafür zu kidnappen und auch zu morden. Ihr Einfluss aufs öffentliche Leben ist inzwischen so groß, dass in AP (Andhra Pradesh) die Politiker offiziell mit ihnen über ihre Forderungen verhandeln.

Auch von Kaschmir sollte man als westlicher Geschäftsmann einstweilen noch die Finger lassen, weil es dort mit Pakistan immer noch zu Grenzunruhen kommt. Eine andere Art der Grenzunruhe: Im Grenzgebiet zu Bangladesch leben viele Moslems illegal, die den idealen Nährboden für den einen oder anderen extremen Fundamentalisten bieten.

➲ **Tipp:**
In der westlichen Welt grassiert derzeit eine fast euphorische Outsourcing-Stimmung. Man sollte ob dieser Glückseligkeit jedoch auf keinen Fall vergessen, erst einmal seinen indischen Standort auf hinderliche oder gar gefährliche regionale Besonderheiten zu prüfen.

Der Nordosten

Um das wirtschaftliche Potenzial von Westbengalen mit seiner Hauptstadt Kalkutta zu verstehen, sollte man einen Teil der jüngeren indischen Geschichte kennen: 1947 war Nehru der erste Premierminister und Alleinherrscher nach der Unabhängigkeitserklärung. Er führte den Staatssozialismus ein und pflegte eine starke Freundschaft zur damaligen Sowjetunion. Damals war Indien Mitglied der so genannten Blockfreien *(Non-Aligned Countries)* wie Indonesien, Jugoslawien oder die Vereinigten Arabischen Republiken.

Kalkutta war die erste große industrialisierte Stadt Indiens. Die Arbeiterbewegung nahm dort ihren Anfang. Deshalb gibt es in Kalkutta auch heute noch starke kommunistische Einflüsse. Und nicht nur in Kalkutta: Auch im Unterhaus *(Lok Sabha)* in Delhi hält die kommunistische Partei derzeit stolze 44 (von 545) Sitze. An dieser Stelle ziehen westliche Geschäftsleute oft den Schluss: «Die Kommunisten regieren Westbengalen? Dann kann man dort wohl keine Geschäfte machen!» Das ist ein Irrtum.

➲ **Tipp:**
Keine Angst vor Kommunisten! Die indischen Kommunisten sind sehr pragmatisch geworden.

Die indischen Kommunisten sind so pragmatisch wie die italienischen oder französischen Kommunisten. So ist es kein Problem für einen westlichen Geschäftsmann, in Westbengalen ein Unternehmen zu gründen – und es auch ohne Angst vor kommunistischer Enteignung zu behalten.

Die Kommunisten enteignen zwar niemanden mehr, doch die Gewerkschaften sind sehr stark in Westbengalen. Das sollte man wissen, bevor man ein lohnkostenintensives Unternehmen gründet oder kauft. Wie eine Schweizer Geschäftsfrau es formulierte: «Man kann als Unternehmerin in Indien eben nicht alles machen, was man will, bloß weil Indien ein angeblich unterentwickeltes Land ist. Die Gewerkschaften in Westbengalen sind sehr stark.»

Die Inder machen sich selbst gerne über den starken Einfluss der Gewerkschaften in vielen Regionen des Landes lustig. Aus einem indischen Witzbuch: *Why did the Malayalam* (ein Mann aus Kerala) *cross the street? To join the union on the other side.*

Kerala

Eine zweite Region mit starkem kommunistischem Einfluss ist Kerala im Süden Indiens. Kerala ist ein Bundesstaat, in dem die Hindus nicht in der Mehrheit sind. Es gibt dort viele Moslems und Christen. Die soziale Bewegung nach der Unabhängigkeit war bei den Christen stärker als bei den Hindus. Das ist auch der Grund, warum Kerala kommunistisch ist.

Kerala hat keinen industrialisierten Hintergrund wie Kalkutta, sondern zeichnet sich vor allem durch Handel und Agrarwirtschaft aus. Die Region zeichnet sich außerdem durch eine sehr niedrige Analphabetenquote aus.

Während Indien insgesamt noch 45 Prozent Analphabeten hat, sind es in Kerala nur rund 10 Prozent.

Der hohe Wert, den die Kommunisten von jeher der Bildung zumessen («Wissen ist Macht!»), steht hinter diesem herausragenden Bildungsniveau. Gut fürs Business? Leider nein. Die niedrige Analphabetenquote in Kerala nützt dem westlichen Geschäftsmann wenig, da nicht in Englisch, sondern in Malayalam unterrichtet wird.

Irgendwie einleuchtend, dass die Kommunisten nicht in Englisch unterrichten lassen …

Wenige Fähnchen auf der Karte

Aus den genannten Gründen finden sich im Süden Indiens wenige Fähnchen westlicher Firmen auf der indischen Landkarte. Dafür hat sich Kerala sehr erfolgreich in Sachen Natur und Ayurveda vermarktet. Das Tourismus-Marketing in Europa ist herausragend.

Weil es in Kerala wenig Arbeit, aber viele gut ausgebildete und fleißige Menschen gibt, suchen und finden viele Malayalies in den Golfstaaten wie Dubai, Oman, Muskat, Bahrain oder Saudi-Arabien Arbeit. Dort findet man sie bis hinauf ins *Middle Management*.

Noch ein indischer Witz: *Why is industrial productivity in Kerala so low? Because 86per cent of the shift-time is spent on lifting, folding and re-tying the lungi*. (Der Lungi ist das traditionelle Beinkleid in Indien.)

Nutzen Sie einheimische HR-Kompetenz

Nach diesem kleinen Exkurs in die indischen Regionalbesonderheiten sollten Sie zum selben Schluss kommen, den Sie sicher bei unserer Diskussion der religiösen Vielfalt (Kapitel 3, Seite 47 ff.) gezogen haben. Nur ein in Indien geborener und aufgewachsener Fachmann für Human Resources kann die Regionalbesonderheiten alle kennen und managen, vor allem, wenn er Erfahrung aus einem indischen Großunternehmen mitbringt.

5 Überleben im Business-Alltag

Es sind nicht so sehr die großen Dinge, die in Indien Probleme machen. Eine Gasdruckturbine ist eine Gasdruckturbine, ob ich sie nun in Bochum oder in Mumbai zusammenbaue. Es sind vielmehr die kleinen Besonderheiten des Business-Alltags, die Geschäftsleute aus dem Westen zur Verzweiflung treiben. Vieles ist für den Europäer oder Amerikaner rätselhaft, mysteriös, obskur.

Ein Inder kommt selten allein

Eines dieser Alltagsrätsel lautet: Warum treten Inder nur in Gruppen auf? «Wenn ich den Handwerker rufe», gestand mir neulich ein deutscher Geschäftsmann, «trabt der stets mit zwei Gehilfen an – auch wenn er nur 'ne defekte Glühbirne auswechseln muss! Was soll das denn? Will der Honorar schinden?» Das ist eine typisch westliche Unterstellung. Die Wahrheit ist viel einfacher: Die aus europäischer Sicht nutzlosen Handwerkergehilfen sind quasi Azubis. Auf diese Idee kommt man als Westler schon deshalb nicht, weil die Azubis häufig so alt sind wie der Meister selbst.

Indien hat kein duales Ausbildungssystem. Wer ein Handwerk erlernen will, lernt es dadurch, dass er dem Meister über die Schulter schaut.

Deshalb hat jeder Handwerker stets ein, zwei oder noch mehr Handlanger dabei, die den Beruf erlernen und sich dabei ein paar Rupien dazuverdienen.

Der Gruppendrang schlägt auch auf Verhandlungen durch.

Wenn Sie einen Termin mit einem einzelnen indischen Geschäftsmann vereinbaren, können Sie damit rechnen, dass er häufig nicht allein, sondern mit vorher nicht angekündigten Geschäftspartnern, Assistenten, Spezialisten oder auch Familienmitgliedern auftaucht: einem Bruder oder Onkel, der auch im Business ist.

Wenn man das weiß, kann man sich darauf einstellen. Trotzdem bleibt die Frage: Wie verhält man sich diesen unangekündigten Gästen gegenüber, von denen man so gut wie nichts weiß? Wenn Sie einen Inder erwarten und plötzlich drei auftauchen, ignorieren Sie die überzähligen zwei nicht.

Diese benötigen zwar keine eigene Ansprache – doch Sie sollten sie zumindest wertschätzend behandeln und als Zuhörer in Ihre Verhandlungen einbeziehen. Zeigen Sie Interesse an der Person und gegebenenfalls an den Äußerungen der unangemeldeten Besucher.

Planung auf Indisch

Die Planung beeinflusst jedes Geschäft entscheidend. Und in Indien wird ganz anders geplant als im Westen.

Die meisten Inder planen im Business sehr kurzfristig. Weil Inder nur ans Heute denken? Nein. Dass Inder durchaus langfristig planen können, zeigt sich im Religiösen, wo man gerne schon ein Jahr im Voraus die nächste Wallfahrt plant. Hochzeiten werden ebenfalls Monate, wenn nicht Jahre im Voraus geplant und von beiden Familien verhandelt. Das heißt, es gibt Lebensbereiche in Indien, in denen sehr langfristig geplant wird, und andere Bereiche, in denen sehr kurzfristig geplant wird. Einer der letzteren ist auch das Business.

Nehmen wir den Markt für Sonnenkollektoren. Man sollte meinen, dass im sonnigen Süden Indiens Kollektoren reißenden Absatz finden. Denn damit könnte jeder Haushalt, jedes Unternehmen eine Menge Geld und Energie sparen. Diese lukrative Ersparnis interessiert die überwiegende Zahl der Inder jedoch nicht. Sie interessiert nur eines: der Batzen Geld, den sie heute dafür ausgeben müssten. Dass sich die Investition später, nach dem *Break Even Point* auszahlt, das bedeutet ihnen wenig, viel weniger als dem europäischen Geschäfts- oder Privatmann, der oft genug vom krassen Gegenteil befallen ist: von einer galoppierenden Vorsorge- und Renditewut. Der Inder denkt in *Cash*.

Warum streichen die meisten Inder ihr Haus nach jedem Monsun neu? Warum kommt nicht mal einer auf die Idee, mit witterungsfester Farbe zu malen, damit er erst nach jedem fünften Monsun den Anstrich erneuern muss und sich viermal den Aufstand und die Ausgaben sparen kann? Weil die witterungsbeständige Farbe natürlich teurer ist als die Einmalfarbe – und weil Manpower in Indien billig ist: Der Maler kostet fast nichts. Dass fünfmal billige Farbe unterm Strich teurer kommt als einmal teure Farbe, das interessiert den indischen Konsumenten mehrheitlich nicht – denn heute ist wichtiger als in fünf Jahren. Oder wie John Maynard Keynes (kein Inder!) mal formulierte: *In the long run we're all dead.*

Das Prinzip der Investition, also der gewinnbringenden Verschiebung des Konsums von der Gegenwart in die Zukunft, ist also in Indien nicht populär – außer bei der Versorgung der Kinder.

Das sollten Marktstrategen, Marketingexperten und Anbieter von langlebigen Wirtschaftsgütern, Vorsorge- und Versicherungsprodukten bedenken, bevor sie in Indien eine Bauchlandung riskieren.

Kundenorientierung à l'indienne

Europäer und vor allem Amerikaner berichten immer wieder teilweise erschüttert, dass sich viele Mitarbeiter in indischen Einzelhandelsgeschäften, moderat ausgedrückt, nicht wirklich kundenfreundlich verhalten. Warum?

Viele Einzelhandelsmitarbeiter zeigen die deutlich sichtbare Einstellung: «Wenn dir unser Service nicht passt, kannst du ja wegbleiben. Wir haben eine Milliarde Einwohner – wenn du nicht kaufst, kauft eben ein anderer.» Wer von der «Servicewüste Deutschland» spricht, sollte mal in Indien einkaufen gehen …

Wenn Sie von einem indischen Mitarbeiter im Kundenkontakt etwas wissen möchten, was auch nur ein Iota von seinem Produktwissen abweicht – beispielsweise wo Sie das nächste Papiergeschäft finden –, werden Sie häufig (gesprochen) «Malune» hören: «keine Ahnung». Wenn das nichts mit seiner «eigentlichen» Arbeit zu tun hat, interessiert das den Mitarbeiter nicht.

Dieses kundenfeindliche Verhalten bessert sich derzeit in Indien, weil immer mehr *Shop-Owner* ihre Mitarbeiter trainieren. Diesbezüglich haben die Inder schon Deutschland überholt: Der deutsche Einzelhändler trainiert seine Mitarbeiter nicht, er jammert lieber über die Konsumverweigerung der Käufer (wer würde sich bei der grassierenden Servicefeindlichkeit nicht verweigern?). Während also die deutsche Kundenorientierung immer schlechter wird, wird die indische immer besser.

In modernen indischen Shopping-Malls sind die Mitarbeiter im Kundenkontakt bereits sehr freundlich. Entweder weil sie gut trainiert oder Teil der Inhaberfamilie sind. Es ist fast so wie in Europa: Hier sind die Mitarbeiter im Einzelhandel auch nur dann freundlich, wenn sie gut trainiert oder Eigner sind.

➲ Tipp:

Wenn Sie möchten, dass die Mitarbeiter in Ihrem indischen Unternehmen Ihre Kunden höflich und freundlich behandeln, müssen Sie sie zuvor wirklich intensiv schulen.

Das beginnt schon bei den einfachsten Regeln der (westlichen!) Höflichkeit: Sie werden von Indern selten «Bitte» oder «Danke» hören. Wenn ein Sohn seinem Vater das Auto wäscht, wird der Vater sich in aller Regel nicht bedanken. Wenn der Vater dem Sohn neue Schuhe kauft, bedankt sich der Sohn eher nicht. Warum? Weil es innerhalb der Familie für Inder selbstverständlich ist, dass man sich gegenseitig hilft – da muss man sich nicht extra dafür bedanken. Und weil Inder wirklich dankbar nur ihren Gottheiten gegenüber sind.

Unternehmer, die in Indien produzieren, bestätigen mir häufig: «Die indischen Mitarbeiter sind sehr angenehm, sehr harmonieorientiert, kommunikationsbereit und daher gut im Kundenkontakt einsetzbar – aber man muss sie erst intensiv auf Freundlichkeit und Service trainieren!»

Indische Organisation

Wenn ich als Führungskräfte-Trainerin mit einer deutschen Führungsmannschaft eine Teamübung mache, dann arbeiten die Manager konzentriert und leise in der Gruppe zusammen. Wenn ich dieselbe Übung in Indien mache, wären Sie bei einem Blick in den Seminarraum sicher erstaunt: Da ist der Teufel los!

Die indischen Teilnehmer schreien wild gestikulierend durcheinander, alle sind hoch engagiert, aber es herrscht wenig Struktur in Diskussion, Planung und Vorgehen. Das Ergebnis ist dementsprechend. Vor allem, weil sich Inder ohnehin äußerst ungern auf einen festen Vorgehens- oder Terminplan einigen.

Wie bitte? Tja, was im westlichen Management als selbstverständlicher Grundpfeiler jeden «seriösen» Managements gilt – eine fundierte, gründliche und fix terminierte Planung und Organisation –, das versuchen Inder, so gut und so weit es geht, zu vermeiden. Schriftliche Aktionspläne sind ihnen eher unangenehm.

Westliche Manager können das oft nicht fassen und regen sich dementsprechend darüber auf. Das ist die falsche Art, damit umzugehen. Denn diese indische Eigenart hat auch einen sympathischen Vorteil: Inder haben eine kindliche Begeisterungsfähigkeit und sind neugierig, Neues auszuprobieren.

➲ **Tipp:**
Regen Sie sich nicht über die Planungs- und Organisationsabneigung der Inder auf. Setzen Sie lieber klare Rahmenbedingungen.

Setzen Sie die Rahmenbedingungen

Planung und Organisation laufen aus westlicher Sicht in Indien chaotisch ab. Deshalb sollte das europäische Mutterhaus klare Rahmenbedingungen schaffen, innerhalb deren sich die indische Tochter jedoch frei bewegen können muss, um für das Tagesgeschäft motiviert zu bleiben. Das gilt insbesondere auch für die europäisch-indische Projektarbeit. Das heißt für Ihre Führungspraxis konkret:

➲ **Tipp:**
Steuern Sie Wertschöpfungsprozesse und vor allem Projekte mit festen Rahmenbedingungen.

- Vereinbaren Sie einvernehmlich und vor allem schriftlich Termine und Leistungsziele.
- Sorgen Sie dafür, dass diese Vorgaben an Klarheit nicht zu überbieten sind.
- Vergewissern Sie sich, dass jeder die Vorgaben verstanden hat.
- Schaffen Sie eindeutige Zuständigkeiten und klare Hierarchien: Wer darf wem was sagen? Das gilt vor allem für virtuelle Teams. Hier werden bei der Projektarbeit viele Fehler gemacht.

Westliche Geschäftsleute und Teammitglieder denken: «Ist doch klar, wer wem was sagen darf!» und reagieren dann bass erstaunt, wenn ihnen ein indisches Teammitglied sagt: «Nein, das dürfen Sie mir nicht anweisen!» und einfach die Kooperation verweigert.

- Schaffen Sie ein Bonussystem, das den indischen Mitarbeiter anspornt, sein Ziel zu erreichen.
- Fragen Sie regelmäßig und in kurzen Abständen nach den Arbeitsfortschritten und dem aktuellen Stand der Zielerreichung – denn mit dem Einhalten von Terminen und Zielen haben indische Manager und Mitarbeiter so ihre Probleme.

Diese Probleme haben bereits sprichwörtlichen Charakter angenommen.

Die sprichwörtliche Unpünktlichkeit

Die Inder in den Führungsetagen sind exzellent ausgebildete, intelligente Leute. Als solche sind sie sich ihrer Probleme beim Einhalten von Terminen und Zielen durchaus bewusst, weshalb sie zu diesem heiklen Thema einen feinen Sinn für Humor entwickelt haben.

Wenn zum Beispiel ein Europäer ungeduldig mit dem Zeigefinger auf die Uhr tippt, wenn ein Inder viel zu spät mit dem vereinbarten Report, Projektbericht oder was auch immer antrabt und pikiert darauf hinweist, dass «eigentlich Abgabe 15 Uhr» vereinbart war, erwidert der Inder darauf mit charmantem Lächeln: «Yes, indeed, but 15.00 hours IST – Indian Standard Time» oder auch *Indian Stretching Time* genannt. Im Grunde seines Herzens hat der Inder kein Verständnis für Ihre «Hektik»: «Ist doch egal, ob der Report heute oder morgen fertig ist!»

Es ist nicht ungewöhnlich, dass ein indischer Geschäftspartner eine halbe oder gar eine Stunde zu spät zu einem Meeting kommt. Daran ist dann die IST schuld oder die zweite Standardbegründung: «Der Verkehr!» Dieser ist in den Business-Metropolen wirklich mörderisch. Da dies jeder weiß, könnte man ja auch eine halbe Stunde früher losfahren – aber das ist europäische, nicht indische Logik.

Ausgewiesene Ausnahmen der allgemeinen Unpünktlichkeit sind Inder, die sehr viel mit westlichen Businessleuten zu tun haben. Diese Inder sind pünktlich – und regen sich genauso wie die Westler über die Unpünktlichkeit ihrer Landsleute auf.

➲ **Tipp:**
Auch offizielle Tender sind Ausnahmen von der allgemeinen Unpünktlichkeit. Seien Sie bei Tender-Geschäften absolut pünktlich!

Diesen Tipp missachtete ein europäisches Unternehmen, das bei der Tender-Abgabe für den neuen Bangalore International Airport einen Tag zu spät seine Unterlagen einreichte: Der Tender war schon geschlossen, das Unternehmen raus aus der Bieterrunde. Ein herber Schlag, wenn man bedenkt, dass das Unternehmen bereits über eine Million Dollar für die Vorbereitung seines Angebots ausgegeben hatte.

Insbesondere deutsche Geschäftsleute sind häufig versucht, den Indern «die Unpünktlichkeit und Unzuverlässigkeit» abzugewöhnen und ihnen «deutsche Tugenden» anzugewöhnen. Einmal ganz davon abgesehen, dass dieser kulturimperialistische Ansatz moralisch zweifelhaft ist: Das bringt auch nichts.

Versuchen Sie also nicht, indische Geschäftspartner zur Pünktlichkeit zu erziehen – sehr wohl jedoch Ihre indischen Mitarbeiter.

Für europäische Erziehungsversuche haben indische Geschäftsleute wenig Verständnis. Sie verteidigen ihren *Way of Life* als absolut normal – und das ist immerhin ihr gutes Recht. Wer ihnen aus «pädagogischen Gründen» ein betont enges Ziel- und Terminkorsett verpasst, um ihnen «Beine zu machen», erreicht damit das Gegenteil des Intendierten: gehörig Frust und Demotivation.

➲ **Tipp:**

Je ungehaltener Sie also indische Unpünktlichkeit und Unzuverlässigkeit anprangern, desto mehr Unmut werden Sie damit provozieren. Inder setzen ihre Prioritäten anders als Sie.

Besser als Abgewöhnen, Umerziehen oder Anprangern funktioniert *FmZ.*

Führen mit Zielvereinbarungen

In vielen von Westlern geführten indischen Unternehmen hat sich *Führen mit Zielvereinbarungen* (FmZ) oder die *Balanced Scorecard,* gekoppelt mit einem Bonussystem, besser bewährt als das Predigen «deutscher Pünktlichkeit»: Alle Teams und jeder Mitarbeiter erhält im systematisierten Mitarbeitergespräch (MAG) gemeinsam vereinbarte Ziele: Leistungsziele, Qualitätsstandards, Ausschussquoten, Servicestandards, Absenzlimits und so weiter. Über die Zielerreichung werden Statistiken geführt, das heißt die Leistung des Mitarbeiters oder des Teams wird fortlaufend kontrolliert. Werden die vereinbarten Ziele erreicht, gibts einen Bonus. Dieses System verbindet das Beste aus zwei Welten: Indische Manager und Mitarbeiter akzeptieren das System und liefern Ergebnisse, die den Westler zufrieden stellen.

➲ **Tipp:**

Führen Sie auch einfache Mitarbeiter per FmZ.

Bei «einfachen» Mitarbeitern wie zum Beispiel Produktionsmitarbeitern, Bürogehilfen oder Verkäufern gibt es ohne FmZ ein typisch indisches Problem: Werden diese einfachen Arbeiter zu gut bezahlt, machen sie zwischendurch einfach mal ein paar Tage blau – weil sie so gut verdient haben. Was für den Westler Arbeitsverweigerung, Vertragsverstoß und ein Loyalitätsbruch ist, sind für den Inder einfach ein paar schöne Tage, die er sich verdient hat. Danach taucht er wieder bei der Arbeit auf, als sei nichts gewesen. Bezahlt man einfache Arbeiter deshalb etwas weniger gut, kann es jedoch passieren, dass sie sofort weg sind, sobald sie ein besser bezahltes Angebot haben.

Wenn Sie aber mit FmZ führen, macht der Mitarbeiter nicht blau – weil dann sein Bonus (der an ein Absenzlimit gekoppelt ist) futsch wäre.

Übrigens: Einer der häufigsten Gründe für einen Jobwechsel in Indien ist die Aussicht, bei einem anderen Arbeitgeber mehr zu verdienen. Europäer wechseln nicht, bloß weil sie woanders ein paar Euro mehr bekommen würden (da muss die Gehaltsverbesserung schon beträchtlich sein). Inder wechseln schon für eine geringe Verbesserung, weil in Indien Geld einen anderen Stellenwert hat: Solange man noch kein eigenes Auto, keinen eigenen TV, Kühlschrank, keine eigene Waschmaschine und Wohnung hat, die man nicht mit zwölf Verwandten teilen muss, schätzt man Geld viel höher als im saturierten Westen.

Sehr sprunghaft

Indische Manager und Mitarbeiter benötigen auch deshalb klare Zielvorgaben und ständige Kontrolle, weil sie sich sehr schnell vom Weg abbringen lassen. Sie springen unvermittelt von einem Thema ins andere – je nachdem, was ihnen gerade interessant erscheint. Damit wirken sie häufig unkonzentriert auf Westler.

Wir sitzen beispielsweise im Meeting und diskutieren ein Projekt, wobei ein europäischer Kollege zur Erläuterung einen Fall aus seinem europäischen Mutterhaus anspricht – und sofort fällt dem indischen Geschäftspartner am Tisch ein Projekt ein, das man konkret auf diesem einen Fall aufbauen könnte. Dieser spontane Einfall verleitet ihn derart zu ausführlichen und begeisterten Schilderungen seiner Idee, dass selbst den anwesenden Westlern bald nicht mehr klar ist, worum es eigentlich im Meeting ursprünglich gehen sollte.

Sehr schön können Sie diese Tendenz zur Sprunghaftigkeit auch bei Handwerkern beobachten. Sie engagieren zum Beispiel einen Maler, um vier Zimmer einer Etage zu streichen. Ein europäischer Maler würde nun einfach ein Zimmer nach dem anderen streichen. Der indische Maler folgt einer anderen Arbeitsorganisation: Er beginnt im ersten Zimmer, streicht es halb fertig – und fängt dann im zweiten Zimmer mit der Decke an. Abends kommen Sie ins Haus, und es trifft Sie der Schlag: Alle Zimmer angefangen, aber keines fertig!

Gleichwohl: Wer selbst gut strukturiert denken und handeln kann, bringt sprunghafte Inder problemlos wieder zurück auf den Weg.

Aber Vorsicht vor zu viel Direktive! Bleiben Sie bei der Kurskorrektur immer diplomatisch, höflich und freundlich – sonst geht der indische Gesprächspartner in die Verweigerung oder schlicht nach Hause.

Wer selbst nicht gut organisiert und strukturiert ist, lässt sich schnell von der indischen Sprunghaftigkeit anstecken. Das ist zwar *bad for business* – doch unstrukturierte Westler fühlen sich dafür in Indien wie im Paradies!

Was tun Sie, wenn ein indischer Gesprächspartner plötzlich tangential wird, wie die Transaktionsanalytiker sagen, also vom Thema abschweift? Sie erinnern sich sicher an meine Generalempfehlung zum Thema indische Gepflogenheiten: Auf keinen Fall aufregen!

➲ **Tipp:**
Auch bei Abschweifungen niemals ungehalten reagieren. Also bitte nicht so: «Das ist nicht unser Thema!» oder «Sie schweifen ab!»

Inder nehmen das schrecklich persönlich. Bleiben Sie stets diplomatisch, aber konsequent, zum Beispiel so: «Wir haben vor diesem hochinteressanten Ausflug über Thema X gesprochen. Ich schlage vor, dass wir erst dieses Thema abschließen, bevor wir uns dem neuen, interessanten Thema widmen.» Da merkt der abschweifende Geschäftspartner, dass er wertgeschätzt wird. Und genau das möchte der indische Geschäftspartner hören – viele europäische Geschäftsleute übrigens auch.

To Beat the System

Halten sich Inder an Vorgaben, Termine und Ziele? Aber mitnichten! Weil sie faul und dumm sind? Ich glaube, wer bis zu dieser Seite gelesen hat, wird dieses typisch westliche Vorurteil nicht länger teilen können. Inder sind hoch engagiert, intelligent und fleißig. Also warum versuchen sie dann bei jeder Gelegenheit, Ihre Zielvereinbarungen zu umgehen? Weil das Volkssport ist.

Der indische Volkssport heißt: *Beat the System!* Wie den Deutschen eine gewisse Obrigkeitshörigkeit den Charakter verdirbt, steckt den Indern der Spieltrieb im Blut. Dieser beschränkt sich nicht auf den Cricketplatz, sondern wird auch gesellschaftlich gepflegt, indem der Inder jedes System, das er erkennen kann, als Spielpartner identifiziert und es als guter Sportsmann dann schlagen möchte. Selbst Führungskräfte versuchen ständig, die eigenen Zielvorgaben im eigenen Unternehmen äußerst kreativ auszuhebeln. Das ist *Beating the System*. Ein immer währendes Spiel, das Westler, die nicht mitspielen, in den Wahnsinn treiben kann.

Aber als Spielverderber kommen Sie nicht weit. Erweisen Sie sich als würdiger Gegner. Spielen Sie mit: Wenn Inder Ihre Ziele und Termine zu umgehen versuchen, kontrollieren Sie so aufmerksam, dass Sie Zielabweichungen sofort entdecken und korrigieren und den indischen Partner wieder zurück auf die Zielgerade führen können.

Das hat absolut nichts mit Misstrauen gegenüber Indern zu tun, wie naive Sozialromantiker ohne Landeserfahrung manchmal meinen. Vielmehr läuft in Indien ein Spiel: Wer nicht mitspielt, hat schon verloren.

Die Kehrseite der Medaille

Es mag manchem Westler lästig sein, dass Inder so gerne *Beat the System* spielen. Als Führungskraft muss man deshalb zehn Stunden am Tag mit straffen Zügeln führen und kann man die Dinge nicht wie in Europa oft üblich tagelang schleifen lassen. Diese erhöhte Wachsamkeit ist für Führungskräfte etwas anstrengend. Die Kehrseite des Spieltriebs hat jedoch einen großen Vorteil: Eben weil Inder im Kampf gegen Systeme derart einfallsreich und flexibel sind, können sie auch exzellent improvisieren. Wenn nichts mehr geht, fällt einem Inder garantiert noch (mindestens) eine Möglichkeit ein, die Dinge voranzubringen.

Wo insbesondere deutsche Mitarbeiter schon längst in Panik ausgebrochen («Oje! Was sollen wir bloß machen?») oder in Defätismus erstarrt sind («Da ist nichts mehr zu machen!»), laufen indische Mitarbeiter und Manager erst zu Hochform auf: Da wird solange getüftelt und probiert, bis das feststeckende Projekte wieder vorwärts kommt.

Wer in Deutschland beispielsweise umziehen möchte, sollte das spätestens vier Wochen vorher planen und organisieren. Sonst kriegt er keine verwandten oder kollegialen Umzugsgehilfen, keine Umzugskartons und keinen Hänger oder Mietlaster. Wenn Sie in Indien heute beschließen, dass Sie morgen umziehen möchten, klappt das garantiert. Irgendeiner kennt irgendeinen, der zufällig gerade einen freien Laster hat, ein anderer kennt zehn helfende Hände – und der Umzug geht über die Bühne. Inder sind echte Improvisationsgenies.

Zusammengefasst: Inder sind begnadet in der Improvisation – nicht in der Organisation.

Indische Qualität(smängel)

Wenn Sie in Indien einen Sessel kaufen, auf dessen Rückseite eine Naht halb offen ist und auf dessen Unterseite drei Nägel hervorstehen, dann denken Sie sich nichts dabei – der indische Möbelhändler denkt sich nämlich auch nichts dabei.

Das indische Qualitätsniveau bei der Produktherstellung ist nicht vergleichbar mit dem westlichen. Oder wie ein etwas genervter deutscher Fabrikant meint: «Die Inder geben sich mit deutlich weniger als dem Mittelmaß zufrieden.»

Wenn Sie die drei herausstehenden Nägel reklamieren, wird der Möbelhändler wahrscheinlich nicht verstehen, welches Problem Sie haben. Er wird einfach darüber hinwegsehen: «Was wollen Sie denn? Das ist doch ein Sessel, oder? Man kann darin sitzen. Nichts ist perfekt.» Zumindest nicht in Indien. Oder er haut die überstehenden Nägel einfach kurzerhand mit einem Hammer ins Möbel – *no big deal*. Denn auch keinem indischen Kunden würde auffallen, dass da drei Nägel vorstehen.

Gerade Deutsche mit ihrem 150-prozentigen Perfektionsanspruch tun sich mit dem indischen Qualitätsniveau schwer. Wie kriegen Sie das Qualitätsproblem in den Griff?

Das indische Qualitätsproblem ist im Grunde kein Problem, es ist schlicht eine unternehmerische Aufgabe, die da lautet: trainieren, trainieren und nochmals trainieren. Und dann kontrollieren, kontrollieren und nochmals kontrollieren.

➲ **Tipp:**
Indische Mitarbeiter und Manager sind sehr engagiert und lernfähig – wenn Sie ihnen ausreichend Lernchancen geben und danach intensiv kontrollieren.

In Bangladesch (umgangssprachlich: Bangla) bekam ich einmal Hemden und Anzüge in die Hände, die ein einheimischer Fabrikant für eine französische Firma fertigt. Weil ich von der Qualität sehr angetan war, fragte ich den Unternehmer, wie er das denn anstelle. Er antwortete: «Wir holen die Franzosen in die Firma und fragen sie, wie sie die Ware gerne hätten, und lassen sie kontrollieren.» Ich musste fast lachen, denn im Nachbarstaat Indien würde das kein Fabrikant tun: die Franzosen fragen! Man denke! Ein indischer Geschäftsmann fragt keine Franzosen. Denn er geht davon aus, dass er als Inder es ohnehin am besten weiß, wozu soll er da einen Franzosen fragen?

Solange in Indien diese Einstellung herrscht, hilft über das Qualitätsproblem nur die erwähnte Formel hinweg:

Training + Qualitätsvorgaben + Kontrolle = gute Qualität in Indien

Diese Formel funktioniert so gut, dass indische Manager und Mitarbeiter nach einiger Zeit ihre Qualität auf europäischem Niveau dann tatsächlich halten und selber kontrollieren können. Ein europäischer Manager, der Papiersterne in Indien fertigen lässt, spricht für viele, wenn er sagt: «Was war das damals für ein Kampf um die Qualität! Heute sind unsere indischen Mitarbeiter stolz darauf, dass sie richtig gute Qualität erreichen, die in Europa sehr begehrt ist.»

Trainieren, nicht überreden

Weil viele, vor allem mittelständische Unternehmer, mit dem Begriff «Training» mangels eigener Praxis und Kenntnis nicht viel anfangen können, nochmals in aller Klarheit: Es nützt nichts, indischen Mitarbeitern europäische Qualitätsansprüche um die Ohren zu hauen und ständig zu fordern, dass sie sich doch endlich daran halten mögen. Das sind wirkungslose Überredungsversuche. Mit pädagogisch-didaktischer Erwachsenenbildung hat das nichts zu tun. Daraufhin erlebt man höchstens das, was mir ein schwäbischer Unternehmer erzählte: «Ich habe denen genau erklärt, was ihre Qualitätsmängel sind und wie sie sie, verdammt nochmal, endlich beheben sollen. Darauf wurde mir nur immer wieder gesagt: Das kennen wir doch alles! Das steht schon in den Veden!»

Diese Einstellung erlebt man in Indien täglich. Ich erinnere mich noch gut daran, wie ich auf einer indischen Hochzeit erstaunt den Spruch vernahm: *«The Indians are the most intelligent people in the world.»* Damals hat mich das etwas irritiert. Diese Irritation hat sich mehr und mehr gelegt – je öfter ich den Spruch seither hörte. Man kann Indern einiges vorwerfen. Ein Mangel an Selbstbewusstsein zählt nicht dazu. Deshalb nützt es nichts, sie zu besserer Qualität überreden zu wollen. Da helfen wirklich nur Training, Vorgaben und Kontrollen.

➲ Tipp:

Sagen Sie indischen Mitarbeitern klipp und klar (aber sehr höflich), was Sie von ihnen wollen, trainieren Sie sie professionell und kontrollieren Sie gut. Mit der Zeit übernimmt der indische Mitarbeiter dann die neuen Qualitätsstandards selbstständig.

Zwei linke Hände

Inder haben eine ganz erstaunliche mathematische Begabung – deshalb rollen sie von Bangalore aus derzeit auch den IT-Weltmarkt auf. Sie sind weltoffen, engagiert und sehr lernbegierig. Woran es jedoch hapert, ist die handwerkliche Geschicklichkeit. Eine ganz erstaunlich hohe Zahl Inder hat schlicht zwei linke Hände. Egal, ob Sie einem Handwerker oder einer Putzfrau zuschauen: Wenn Sie schon einmal einen Engländer (das Werkzeug, nicht den Briten) oder einen Wischmop in der Hand hatten, möchten Sie dem sich abmühenden Inder unwillkürlich zur Hand gehen.

Woher das kommt? Ich kann nur spekulieren. Doch schon in den indischen Kinderstuben finden wir im Vergleich zum Westen wenig koordinationsförderndes Geschicklichkeitsspielzeug. Kinder lernen einfach nicht, ihre Hände zu gebrauchen. Ein vorrangiges Erziehungsideal scheint die Entwicklung der geistigen, nicht der handwerklichen Fähigkeiten zu sein; was übrigens aus dem hinduistischen Glauben heraus motiviert ist.

Ganz erstaunlich ist auf der anderen Seite die außerordentliche Sprachbegabung der Inder: Alle Mitarbeiter in unserem indischen Unternehmen sprechen fünf Sprachen. Wie viele Europäer sprechen fünf Sprachen?

Wenn Sie indischen Führungskräften bei einem Outdoor-Training zuschauen, wie einer ein Seil zwischen zwei Bäumen spannen soll, werden Sie sich daher an einen frühen Stummfilm von Buster Keaton erinnert fühlen. Bevor die Leine nach 20 Minuten endlich hängt, verheddert sich der Proband dutzendmal darin … Diese Ungeschicklichkeit beschränkt sich nicht nur auf Handwerk und Outdoor-Training, sondern hat selbstverständlich auch direkte Konsequenzen für Ihren Wertschöpfungsprozess:

➲ **Tipp:**
Selbst einfachste Handgriffe in der Fertigung (und anderswo) sollten Sie mit indischen Mit- und Vorarbeitern wirklich intensiv und vor allem immer wieder trainieren – und nicht dem bequemen Irrtum anheim fallen: «Das ist doch so simpel, das müssen die doch hinkriegen!» Europäer vielleicht, Inder nicht.

An unserem Haus ist vor jedem Fenster ein Sicherheitsgitter als Schutz vor Einbrechern montiert. Das finden Sie in Indien an jedem Haus. Rätselhafterweise selbst noch im fünften Stock eines Gebäudes. Unsere Putzfrau ist nach jedem Monsun drei Tage lang beschäftigt, die Fenster zu putzen. Nein, nicht wie Sie jetzt vielleicht annehmen werden, weil wir einen Palast mit 78 Zimmern bewohnen, sondern weil die handwerklichen Defizite auch vor Architekten und anderen technischen Berufen nicht Halt machen: Die Gitter sind direkt auf die Fenster geschraubt, nicht wie viel sinnvoller in die Hausmauer eingelassen. Wer also nach einem Regen seine Fenster putzen möchte, muss vorher erst 30 Schrauben auf- und danach wieder zuschrauben, um die Gitter abzunehmen und dann wieder anzubringen.

Solche Überraschungen und handwerklichen «Mausefallen», wie der Volksmund es nennt, mögen im privaten Heim noch tolerierbar sein. Im Business-Kontext kann einem so eine Überraschung aber ganz rasch den Return on Investment verhageln, wenn man nicht die Augen offen hält und seine Mitarbeiter trainiert.

6 Mit indischen Mitarbeitern reden

Als westlicher Geschäftsmann oder als Geschäftsfrau werden Sie in Indien bei vielen Anlässen gefragt werden: «Wie finden Sie Indien denn so?»

Ich frage dann manchmal nach: «Möchten Sie nur das Positive hören oder auch das Negative?» An dem Ausmaß, wie meinem indischen Gegenüber dabei regelmäßig die Gesichtszüge entgleisen, erkenne ich unschwer, dass eine ehrliche Antwort als grobe Unhöflichkeit empfunden würde.

➲ **Tipp:**

Diplomatie und Charme sind die besseren Seiten der Ehrlichkeit.

Kein Inder möchte etwas Negatives über sein Land hören. Auch Deutsche, Schweizer oder Österreicher mögen das nicht und sind leicht beleidigt – doch Inder reagieren geradezu allergisch darauf. Wie weit die indische Abneigung gegen Negativ-Feedback geht, erkennen Sie auch an Umfragen. Wird dort zum Beispiel gefragt: «Wie finden Sie …?» oder «Wie sind Sie mit … zufrieden?», bekommen Sie bei Multiple-Choice-Fragen nur drei mögliche Antworten zum Ankreuzen:

- *Excellent*
- *Good*
- *Average*

Ein «mangelhaft» oder gar «schlecht», wie es in europäischen Umfragen üblich ist, finden Sie nicht. Ein europäischer Geschäftsmann meinte dazu einmal: «Die Inder wollen nur das Positive hören.»

Im Gegenzug würden sie selbst auch niemals jemanden kritisieren, am allerwenigsten den eigenen Chef. «Die Inder können einfach nicht mit Kritik umgehen!», meinte dazu jüngst ein US-Manager. Das stimmt nicht. Inder gehen eben sehr spezifisch mit Kritik um: Sie verteidigen sich entweder heftig selbst auf kleinste Kritik hin oder schweigen ganz einfach zutiefst verletzt.

➲ **Tipp:**

Ein offenes negatives Feedback gibt es in der indischen Führungskommunikation nicht.

Weil das extrem von der westlichen Kommunikationskultur im Management abweicht, vertiefen wir das.

Angenommen, ein Mitarbeiter leistet sich bei einer wichtigen Präsentation einen dummen Schnitzer, dann rutscht einem europäischen Vorgesetzten auch mal eine Bemerkung durch wie: «Herr Meier, das ging ja wohl daneben!» Danach zieht der gemaßregelte Deutsche, Brite, Franzose oder Alpenländer betroffen eine Schnute. Wenn ein europäischer Chef dieselben Worte an einen indischen Mitarbeiter richtet, schaut der ihn an, als ob er seinen Vater einen räudigen Köter genannt hätte. Was in Europa ein Verstoß gegen die Feedback-Regeln ist, ist in Indien gleich eine kommunikative Katastrophe.

Sie dürfen dem indischen Mitarbeiter noch nicht einmal sagen: «Ich habe in Ihrer Präsentation einige Fehler bemerkt.» Das ist für einen Inder eine Beleidigung. Sie müssen diplomatisch bleiben: «Ich würde gerne über Ihre Präsentation reden. Den vorletzten Punkt hätte man auch so formulieren können: ...» Für einen Europäer ist diese Fehleransprache viel zu indirekt. Er würde mutmaßen, dass der Mitarbeiter danach nicht weiß, was eigentlich gemeint ist – der Inder jedoch versteht den Wink nur allzu gut.

In Europa dürfen und sollen Sie direktes Feedback verwenden – in Indien nur indirektes. Sie dürfen also mit einem indischen Mitarbeiter oder Manager auf keinen Fall so reden, wie Sie mit einem europäischen Mitarbeiter oder Manager reden.

Weil Sie das jedoch wahrscheinlich so gewohnt sind – immerhin machen Sie es möglicherweise seit Jahren so –, sollten Sie die indische Führungskommunikation wirklich wie eine Fremdsprache lernen: mit etwas Sprachtraining.

Betrachten wir ein Beispiel: Ein indischer Mitarbeiter möchte mehr Gehalt haben, das der Vorgesetzte jedoch nicht geben kann. Der westliche Vorgesetzte würde sagen: «Tut mir leid, dafür habe ich gerade kein Budget.» Das können Sie einem europäischen Mitarbeiter sagen – einem Inder jedoch nicht. Der Inder würde sich persönlich beleidigt fühlen.

Aus diesem Grund wird ein indischer Vorgesetzter die Absage auf die Frage des Mitarbeiters hin so formulieren: «Ich werde mir das durch den Kopf gehen lassen.» Danach weiß der indische Mitarbeiter: Die Gehaltserhöhung kann er vergessen. Denn wenn dem nicht so wäre, hätte der Vorgesetzte schlicht Ja gesagt oder einen Termin für ein Gehaltsgespräch vereinbart.

➲ **Tipp:**
In Indien herrscht der indirekte Kommunikationsstil: Sagen Sie niemals Nein, das wird als persönliche Beleidigung verstanden.

Antworten Sie ausweichend. Jede(r) versteht das als höfliches Nein. Man muss kein Kommunikationswissenschaftler sein, um zu vermuten, dass es mit der Vermeidung von direkten Absagen und Kritik in Indien nicht getan ist.

Wenn es einmal unvermeidlich ist, dass Sie Negativ-Feedback

geben, dann auf jeden Fall indirekt und nicht pauschal, sondern anhand eines konkreten Verhaltens Ihres Feedback-Nehmers. Also nicht direkt und pauschal wie: «Sie machen immer so viele Fehler!», sondern indirekt und konkret: «Die Monatstabelle könnte man auch mit einer Summenzeile versehen, damit die Zahlen immer korrekt sind.»

➲ **Tipp:**
Vermeiden Sie negatives Feedback und geben Sie viel positives Feedback.

Loben Sie!

Der Mensch lebt nicht vom Brot allein – er braucht auch hin und wieder Anerkennung, um motiviert arbeiten zu können. Europäische und insbesondere deutsche Mitarbeiter haben sich mittlerweile daran gewöhnt, dass ihre Vorgesetzten viel zu wenig loben. Anerkennung kriegen sie oft seltener als eine Gehaltserhöhung. Diese Enthaltsamkeit funktioniert in Europa – in Indien nicht.

Indische Mitarbeiter brauchen viel Anerkennung, Respekt und Wertschätzung, um motiviert mitzuarbeiten. Aus diesem Grund tun sich typisch deutsche Ingenieure als Führungskräfte in Indien schwer. Sie machen fachlich alles richtig, erreichen aber die eigenen Mitarbeiter nicht, können sie nicht motivieren und damit letztlich auch nicht führen.

➲ **Tipp:**
Bringen Sie Ihre Sozialkompetenz auf Vordermann, bevor Sie in Indien eine Führungsposition übernehmen.

Viele europäische Führungskräfte haben ein konkretes Problem mit der Anerkennung: «Wie soll ich die Inder denn loben, wenn die immer noch 70 Prozent unter dem europäischen Qualitätsstandard produzieren?!» Der Einwand offenbart ein tief liegendes Missverständnis: Lob sollte nicht die Folge, sondern eine Ursache guter Leistung sein.

➲ **Tipp:**

Lauern Sie Ihren (indischen) Mitarbeitern auf und erwischen Sie sie, wenn sie etwas richtig machen. Dann loben Sie sie ausdrücklich.

Damit setzen Sie einen so genannten positiven Verstärker. Je professioneller Sie anerkennen, desto besser werden die Leistungen der indischen Mitarbeiter. Die Motivations- und Produktivitätsfortschritte sind oft mit bloßem Auge zu erkennen.

Wenn sich aber Kritik einmal absolut nicht vermeiden lässt, sollte sie auf keinen Fall von einem Europäer kommen. Das nehmen Inder immer krumm. Delegieren Sie Kritik an einen indischen Manager. Inder lassen sich eher von Indern kritisieren.

Die operative Personalführung sollten Sie ohnehin weitestgehend an indische Führungskräfte delegieren und sich auf Strategie, Controlling und das Fällen unliebsamer Entscheidungen konzentrieren. Vor allem sollten Sie kontrollieren, ob Ihre indischen Führungskräfte unliebsame Entscheidungen tatsächlich umsetzen. Denn mit unpopulären Beschlüssen haben indische Manager ein Problem.

Unpopuläre Entscheidungen

Weil Inder sehr harmonieorientiert kommunizieren, fehlt ihnen häufig die Härte, unbeliebte Entscheidungen auch durchzusetzen, ja überhaupt anzusprechen. Wenn zum Beispiel das europäische Mutterhaus einen unpopulären Beschluss trifft, versuchen indische Führungskräfte oft, sich diesem zu entziehen, indem sie ihn nicht an ihre Mitarbeiter weitergeben oder die Verkündung der schlechten Nachricht endlos vor sich herschieben. Sie gehen davon aus: Irgendwie wird es schon gehen.

➲ **Tipp:**
Kontrollieren Sie zeitnah, ob und inwieweit indische Manager unpopuläre Beschlüsse weitergeben.

Warum haben indische Führungskräfte damit ein Problem? Weil diese Fähigkeit vor zehn Jahren noch überhaupt nicht nötig war. Es gab nur Familien- oder Staatsunternehmen. In den einen trafen nur die Familienmitglieder unpopuläre Entscheidungen – und nicht die angestellten Manager. In den anderen herrschte ein sozialistischer Führungsstil, der mit Themen wie Zielorientierung, Motivation oder Kontrolle nichts am Hut hatte. So wird in Staatsunternehmen übrigens heute noch gearbeitet.

Unpopuläre Entscheidungen anzusprechen und durchzuführen, fällt indischen Managern schwer, weil diese Führungsanforderung relativ neu ist. Die meisten haben sie schlicht noch nicht gelernt.

Wem können Sie vertrauen?

Inder erscheinen im Business zwar oft freundlich, aber auch distanziert, nicht wirklich herzlich. Manager, die international tätig sind, sagen oft: «In anderen Ländern wird man als ausländischer Geschäftsmann viel herzlicher behandelt» oder «Man weiß bei einem Inder nie, ob er einen mag oder nicht.» Das hat jedoch nichts mit Xenophobie zu tun, sondern ist schlicht eine Frage der Prioritäten: Das Wichtigste im Leben eines Inders sind – in dieser Reihenfolge: seine Ursprungsfamilie, seine eigene Familie, sein Essen und erst dann seine Arbeit.

Als ausländischer Geschäftspartner kommen Sie also bestenfalls an vierter Stelle – daher die oft etwas unterkühlte Herzlichkeit. Erst nach langen Jahren der Geschäftsbeziehung werden Sie langsam herausfinden, wie Ihr indischer Geschäftspartner wirklich zu Ihnen steht. Jedoch: Echte Loyalität können Sie von einem indischen Geschäftspartner erst nach langer Zeit erwarten, wenn das Vertrauen gewachsen ist.

Das gibt es in Indien nur unter *close friends,* engen Freunden. Zum Trost: Inder misstrauen sich auch untereinander, teilweise sehr intensiv.

Wenn ich gesagt habe, dass man sich in Indien nur unter *close friends* vertraut, dann macht das Adjektiv den feinen Unterschied: *Friend* ist in Indien nämlich jeder. Wenn Ihnen jemand mit *«That's my brother»* vorgestellt wird, dann heißt das auch nicht unbedingt, dass es der leibliche Bruder ist. Es kann genauso gut ein so genannter Nennbruder sein.

➲ **Tipp:**

Vertrauen ist ein kostbares Gut. Gehen Sie in Indien vorsichtig damit um.

Wir fragten einmal einen indischen Geschäftsmann, mit dem wir schon lange zusammenarbeiten, ob wir einem neuen Geschäftspartner vertrauen könnten. Er meinte: *«Yes, you can trust him!»* Wir belieferten den neuen Geschäftspartner daraufhin – und der bezahlte seine Rechnung nicht. Als wir unseren alten Geschäftsfreund daraufhin etwas pikiert ansprachen, gab dieser uns ein typisches Beispiel dafür, dass Vertrauen in Indien sehr differenziert betrachtet wird: *«Of course you can trust him, but not in money matters!»*

Westliche Geschäftsleute äußern sich häufig enttäuscht darüber, dass es in der Geschäftsbeziehung mit Indern wenig emotionale Bindung, Vertrauen und Loyalität gibt. Immer wieder klagen europäische Vorgesetzte: «Jetzt haben wir so viel in diesen Mitarbeiter investiert, haben zusammen so viel durchgestanden – und jetzt kündigt der einfach, so mir nichts, dir nichts, und kann noch nicht mal sagen, aus welchem triftigen Grund!»

Die europäische Art der Loyalität zwischen Arbeitnehmer und Unternehmen gibt es in Indien nicht. Weil Inder in erster Linie ihrer Ursprungs-, ihrer eigenen Familie und engen Freunden gegenüber loyal sind, bleibt für den Arbeitgeber keine Loyalität übrig, die über den Austausch von Arbeitsleistung gegen Gehalt hinausgehen würde. Also erwarten Sie auch nicht mehr (siehe auch Seite 177).

Freuen Sie sich, wenn Inder kritisch werden

Viele europäische Geschäftsleute notieren positiv, dass indische Mitarbeiter stets zuvorkommend und freundlich ihrem europäischen Chef gegenüber sind, dass sie vor allem nie widersprechen.

Dass Inder freundlich sind und nie dem Chef widersprechen, sollte Sie nicht zu der Schlussfolgerung verleiten, dass sie loyal sind und eine emotionale Bindung zum Chef aufgebaut haben.

Ein Inder, der Ihnen heute nicht widerspricht, kann morgen schon ohne Angabe von Gründen Ihr Unternehmen verlassen. Der fehlende Widerspruch ist nämlich kein Ausdruck emotionaler Bindung, sondern lediglich gute indische Sitte: Man kritisiert den Chef nicht. Es ist genau anders herum: Wenn indische Mitarbeiter Ihnen gegenüber kritisch werden, können Sie sich gratulieren.

Denn dann haben Sie eine so starke Bindung aufgebaut, dass sie sich auch mal über die gute Sitte hinwegsetzen und Ihnen sagen, wo im Keller Licht brennt.

7 Nomen est omen

Woher kommt wohl Herr Hansen? Oder Frau Sörensen? Sicher aus dem Norden; aus Hamburg, Schleswig-Holstein oder Skandinavien. Was ist mit:

A) Else Wirsching?
B) Frank Häberle?
C) Theresa Bichelmaier?
D) Thomas Habitzel?
E) Marko van Staveren?
F) Ueli Sprüngli?

Wenn Sie Ihre spontanen Antworten mit der Auflösung vergleichen, werden Sie möglicherweise erstaunt sein, wie oft Sie richtig lagen:

A) Franken
B) Schwaben
C) Bayern
D) Österreich
E) Niederlande
F) Schweiz

Wie können Sie, ohne die jeweiligen Personen zu kennen, mit so hoher Sicherheit allein von deren Namen auf deren Herkunft schließen? Weil Namen nicht nur Hinweise auf den Beruf der Vorväter enthalten können: Maurer, Maler, Schreiner, Schmied, Bäcker … Namen sagen auch oft, woher die Familie des Namensträgers stammt. Oder wie der römische Dichter Plautus volkstümlich zitiert wird: nomen est omen. Im Namen liegt bereits eine Vorbedeutung. Das gilt auch für Indien. Wer sich mit indischen Namen auskennt, verschafft sich im Business und bei den Indern selbst beachtliche Vorteile.

Der Name verrät die Herkunft

Ein bloßer Name sagt Ihnen zwar nicht, wo ein Mensch heute wohnt. Er verrät Ihnen jedoch, woher er stammt. Sie können sagen, aus welchem Teil des Kontinents seine Ursprungsfamilie stammt.

Dieses Erkennungssystem ist eine wunderbare Steilvorlage für Small Talk und Beziehungsmanagement. Damit brechen Sie in einem Gespräch ganz unkompliziert das Eis. Sie haben sofort ein gemeinsames Gesprächsthema, wenn Sie sagen können: «Ach, Ihre Familie stammt wohl aus …?» Erstens freut sich der Inder, dass Sie ein gemeinsames Gesprächsthema gefunden haben – und dazu noch ein so gutes. Und zweitens wird er beeindruckt sein, dass Sie sich für seine Herkunft interessieren und sogar schon etwas darüber wissen.

Inder haben nämlich oft den Eindruck, dass Westler den Kulturimperialisten heraushängen lassen und ohne den blassesten Schimmer von Kultur und Land hier Business machen wollen. Diese kulturelle Ignoranz fördert nicht unbedingt die Geschäftsbeziehungen. Wer sich dagegen mit Land und Leuten etwas auskennt, ebnet sich viele Wege.

Wenn Sie zum ersten Mal erfahren, mit wem Sie verhandeln werden, schlagen Sie im folgenden Verzeichnis nach, was sein Name über seine Herkunft verrät (im Anhang ist sie noch einmal alphabetisch aufgelistet). Das System ist sehr effizient: Mit nur ungefähr 50 Namen decken Sie rund 200 Millionen Inder ab.

Der Südosten

Heißt Ihr Geschäftspartner mit Nachnamen etwa

- Rama Krishna,
- Subramanian,
- Iyenger,
- Narayan,
- Iyer oder
- Murthy,

können Sie sicher sein, dass seine Ursprungsfamilie aus dem Bundesstaat Tamil Nadu im Südosten Indiens stammt.

Heißt Ihr Geschäftspartner Reddy, kommt seine Familie mit großer Sicherheit aus dem schönen Andhra Pradesh. Apropos Andhra Pradesh: Kein Inder sagt «Andhra Pradesh». Alle sagen einfach nur Andhra oder AP, gesprochen (englisch) «ei pi». Andererseits sagt kein Inder «TN». Tamil Nadu wird nie abgekürzt gesprochen. In Indien werden Sie eher akzeptiert, wenn Sie die Sprache des Volkes sprechen.

Uttar Pradesh im Norden von Indien, Sie ahnen es bereits, wird wiederum nur UP, also «iu pi» genannt. Dort wohnen viele Inder, die mit Nachnamen Thakkur heißen, weil sie aus der Thakkur-Region in UP kommen. Die Thakkurs bilden übrigens eine der unzähligen indischen Subkasten.

Gujarat

Heißt Ihr Geschäftspartner Ambani, Sheth (gesprochen: Schet), Gandhi oder Patel, kommt seine Familie aus Gujarat (gesprochen: Gudscharatt) im Westen Indiens.

Die Patels bitte nicht verwechseln mit den Patils, die aus Maharashtra oder Nord-Karnataka kommen.

In Gujarat gibt es auch viele Jains – sowohl eine Religion als auch ein Nachname. Die Jains sind eine Hindu-Abspaltung. Sie heißen entweder wie ihre Religion Jain oder Metha.

Das wirft die Frage auf: Wenn viele Jains Jain zum Nachnamen heißen, gibt es dann genügend Vornamen, um die Menschen namentlich voneinander zu unterscheiden? Natürlich nicht. Für zig Millionen Menschen gibt es nie genügend Vornamen. Deshalb benutzen die Inder ein System, das auch die Amerikaner kennen: Sie unterscheiden sich wie John F. Kennedy über den punktierten zweiten Vornamen und heißen zum Beispiel Girija F. Jain.

➲ **Tipp:**

Lesen Sie Namen sorgfältig. Ein einziger Buchstabe macht oft schon den Unterschied. Insbesondere Europäer überlesen den abgekürzten zweiten Vornamen häufig, weil er in ihren Ländern kaum Bedeutung hat.

In Gujarat lebt auch eine große Zahl Menschen, die Shah oder Shaikh mit Familiennamen heißen. Hier können Sie vom Namen nicht nur auf die Region, sondern auch auf die Religion schließen: So heißen Moslems. Wenn wir gerade in Gujarat sind: Gujarat ist ein so genannter Dry State. Es wird dort kein Tropfen Alkohol ausgeschenkt, noch nicht einmal Bier.

In jedem anderen Teil Indiens finden Sie dagegen so genannte *Wine Shops* an jeder Straßenecke.

Karnataka

Bhattacharya, Hegde (gesprochen: Hegge). Wenn Ihnen diese Namen unterkommen, stammt der Namensträger aus Karnataka im Südwesten Indiens. Der Nachname Shetty sagt Ihnen, dass sein Träger einer Subkaste aus Mangalore angehört.

Wenn Sie Herrn Rao treffen, sagt Ihnen sein Name zusätzlich

zur Herkunft (Karnataka, Andhra), dass es sich beim Namensträger um einen Brahmanen handelt oder dass er aus dem Norden von Indien stammt. Raos finden Sie mittlerweile in ganz Indien.

Das Erkennungssystem ist nicht hundertprozentig treffsicher, aber ein guter Wegweiser. Selbst wenn Sie Herrn Rao fragen, ob er aus Karnataka stammt, seine Familie jedoch aus dem Norden ist, sind Sie schon mitten im Small Talk – und der Inder ist mächtig beeindruckt über Ihre Landeskenntnis. Der Zweck der Übung ist erfüllt.

Westbengalen

Frau Basu oder Herr Mukerjee stammen beide aus Westbengalen im Norden von Indien, vielleicht aus Kalkutta. Ebenso wie Herr Sen, der so heißt wie der indische Nobelpreisträger. Westbengalen ist ohnehin bekannt für seine Literaten. Tagore zum Beispiel ist auch in der westlichen Welt ein Begriff.

Punjab

Singh, Mehra, Arora, Nanda, Nandu, Gujral – diese Namen weisen darauf hin, dass die Familie des Namensträgers aus dem Punjab im Norden Indiens stammt. Beim Nachnamen Singh können Sie fast sicher sein, dass es sich dabei um Sikhs handelt – die Turbanträger, die aus religiösen Gründen stets langes Haar und Bart tragen.

Getreu der in Indien herrschenden Vielfalt gibt es jedoch auch Sikhs ohne Turban und Bart und mit kurzen Haaren. Das sind die so genannten Monasikhs. Sie treffen sie vor allem in den indischen Großstädten.

Goa

Goa ist ein kleiner Bundesstaat im Westen Indiens. Typisch dort sind Nachnamen auf die Endsilbe -kar, wie Salgokar oder Sawkar. Auch Timblo, ein Nachname von Brahmanen, kommt häufiger vor.

De Souza, Roderigues, Rebello, Fernandes, Kaldeira, Pinto – was sagen Ihnen diese Namen? Da wir über Goa reden, liegt nahe, dass die Namensträger aus Goa stammen. Darüber hinaus klingen die Namen irgendwie spanisch, nicht wahr? Fast richtig, es sind typische Nachnamen von christlichen Familien aus Goa. Der Bundesstaat war bis 1961 portugiesische Kolonie. Einige ältere Menschen können heute noch portugiesisch sprechen. Und an den Colleges wird noch Portugiesisch gelehrt. Die Gesetze in Goa basieren auf portugiesischem Recht.

➲ **Tipp:**
Viele Gesetzbücher in Goa sind bis heute nicht aus dem Portugiesischen in eine Landessprache übersetzt. Das sollte wissen, wer in Goa zum Beispiel Immobilien erwerben möchte.

Namen, die in mehreren Bundesstaaten auftauchen

- Deshpande: Der Namensträger kommt entweder aus Maharashtra oder Nord-Karnataka und ist Hindu.
- Gupta: Der Namensträger kommt aus dem Norden. Der letzte Worldwide-CEO von McKinsey hieß zum Beispiel Gupta.
- Sharma: ein Brahmane aus dem Norden
- Vinod: kommt aus dem Süden von Indien
- Khan: kommt ursprünglich aus Afghanistan und ist Moslem
- Kumars gibt es überall. Sie sind wie die Meiers und Müllers in Deutschland.

- Yadav: entweder aus UP, MP (Madhya Pradesh) oder Bihar stammend. Ungefähr 20 Prozent der Menschen in diesen Bundesstaaten heißen Yadav. Die Yadavs sind Kleingrundbesitzer, die nach der Landverteilung von Indira Gandhi politisch bedeutsam wurden.
- Pai oder Naik: stammen meist aus dem Konkan-Küstengebiet, das sich von Gujarat bis Karnataka erstreckt und durch das die Konkan-Railway führt.
- Krishna: entweder AP oder Karnataka

Das sind die Feinheiten

Sie fanden den kurzen Exkurs in das indische Namenserkennungssystem ganz instruktiv? Dann zeigen Sie beste Voraussetzungen für Geschäftserfolg und gesellschaftliche Anerkennung in Indien. Westliche Geschäftsleute, die Probleme in Indien haben oder bekommen, erkennt man an Sprüchen wie «Das hat doch nichts mit dem Business an sich zu tun!» oder «Wozu muss ich das denn wissen?» Die Antwort «Um sich besser mit Land und Leuten auszukennen», hat sich für diese Zielgruppe als wenig überzeugendes Argument erwiesen.

Den feinen Unterschied, den Landeskenntnisse ausmachen, zeigt wohl am besten eine Parallele aus heimischen Landen: Wenn ein Businessmensch in einem Münchner Biergarten im Kreis seiner Geschäftsgäste abends lauthals «eine Runde Weißwürscht» bestellt, wird er sicher nicht des Lokals verwiesen. Er outet sich jedoch peinlich deutlich als «Zuog'roaster» oder als «Saupreiß». Und als solchen wird ihn sein bayrischer Geschäftspartner bewusst oder unbewusst auch behandeln. Gut fürs Business ist das unter Garantie nicht. Weißwürste dürfen nämlich das «Zwölfeläuten» nicht hören (werden also vor zwölf Uhr mittags verzehrt).

Man sagt ja schon den Bayern nach, dass sie nicht gut auf

«Preiß'n» zu sprechen sind, die sich nicht mit Land und Leuten auskennen. Doch Inder reagieren noch sehr viel sensibler auf zur Schau gestellte Unkenntnis der Gebräuche des Landes. Natürlich wird kein Inder es sich anmerken lassen oder gar ein Wort darüber verlieren, wenn sich ein westlicher Geschäftsmann mal wieder durch blanke Unkenntnis der Landessitten blamiert. Doch wer die Inder kennt, sieht es ihnen förmlich an: Der denkt sich jetzt seinen Teil und lässt es den ignoranten Westler irgendwann durch die Blume spüren. Geschäftsfördernd ist das sicher nicht.

Zusammengefasst: Wer in Indien Fuß fassen, Business-Erfolg erzielen, Mitarbeiter motivieren und führen möchte, hat deutlich mehr und schneller Erfolg, wenn er über ein kompaktes und solides Basiswissen von Land und Leuten, Sitten und Gebräuchen verfügt. Dazu zählt auch die Kenntnis des Namenerkennungssystems.

Im Anhang (Seite 204f.) finden Sie noch eine alphabetische Namenliste.

8 Was Sie über die einzelnen Volksgruppen wissen sollten

Wer in einem fremden Land nicht nur Urlaub machen, sondern auch Business-Erfolg haben möchte, will vor allem wissen: Was kommt auf mich zu? Wem kann ich trauen, wem nicht? Wie muss ich «die Einheimischen» behandeln? Wie werden sie mich behandeln?

Bei diesen Fragen erweist sich die ethnische Vielfalt des Kontinents, die manchen Europäer zunächst verwirrt, als äußerst hilfreich: Wenn Sie nämlich wissen, welcher Volksgruppe ein Inder angehört, wissen Sie bereits eine Menge darüber, was Sie von ihm erwarten können und was Sie im Umgang mit ihm beachten sollten.

Damit soll nicht Vorurteilen das Wort geredet werden – natürlich ist jeder Mensch ein individuelles Wesen. Nur haften ihm in der Folge von Tradition und Erziehung mehr oder weniger kollektive, nationale Eigenschaften an.

Und so kursieren über jede indische Volksgruppe Volksweisheiten, die manchmal überzogen klingen, aber immer ein Körnchen Wahrheit enthalten und daher eine gute Orientierung bieten. Sie den eigenen Urteilskriterien zuzufügen, ist sicher kein Fehler. Betrachten wir im Folgenden einige davon.

Die Gujaratis

Die Gujaratis kommen aus Gujarat im Nordwesten von Indien. Sie zählen zu den fleißigsten und erfolgreichsten Geschäftsleuten Indiens. Sie handeln traditionell mit Schmuck und Textilien. Einige der größten indischen Unternehmen gehören Gujaratis, zum Beispiel Reliance von der Familie Ambani. Mumbai, die wichtigste indische Business-Metropole, wurde durch die Gujaratis zu dem, was sie heute ist. Gujaratis werden Sie hauptsächlich im Business, weniger in der Verwaltung antreffen.

Gujarat liegt im fruchtbaren Indus-Tal. Hier entstanden die ersten frühgeschichtlichen Siedlungen der menschlichen Zivilisation, ähnlich wie in Mesopotamien oder am Nil. Der Handelsverkehr mit Persien, Südindien oder dem Osten wurde von Gujarat aus abgewickelt. Daher haben Handel und Business in Gujarat eine über 4000 Jahre alte Tradition.

Was man 4000 Jahre lang geübt hat, darin ist man einfach gut: Der Gujarati gilt in der indischen Volksmeinung als fleißig und geschäftstüchtig. Geld ist ihm wichtig. Deshalb spielt die Verehrung von Lakhshmi, der indischen Göttin des Goldes und Geldes, eine wichtige Rolle in seinem Leben.

In Gujarat leben auch viele Moslems. Sie sind traditionell Handwerker, Holz- und Antiquitätenhändler. Als Letztere können Sie sie auf allen guten Märkten finden.

Ist ein Gujarati mit den eben beschriebenen Eigenschaften nicht eine Bereicherung für jede Belegschaft? Ja und nein. Natürlich ist ein geschäftstüchtiger Mitarbeiter für jedes Unternehmen nützlich. Doch mit seiner herausragenden Geschäftstüchtigkeit ist der Gujarati quasi überqualifiziert. Wenn Sie einen Gujarati beschäftigen, können Sie damit rechnen, dass er sich irgendwann selbstständig machen möchte.

Die meisten Gujaratis sind deshalb so motiviert und fleißig bei der Arbeit, weil sie sich die optimale Qualifikation für ihre eigene Selbstständigkeit erwerben möchten. Das hat Folgen für Ihre langfristige Personalplanung und -entwicklung:

Wenn Sie eine strategisch wichtige Position in Ihrem Betrieb besetzen möchten, denken Sie an die Selbstständigkeitsbestrebung der Gujaratis.

Wenn ich bei der Besetzung einer Ingenieursstelle oder einer Position in der Verwaltung die Wahl zwischen einem Gujarati und einem Marathi (siehe Seite 106 ff. und Seite 110 f.) habe, würde ich mich persönlich für den Marathi entscheiden, weil er fast ebenso fleißig ist wie der Gujarati, aber weitaus bodenständiger. Gilt es dagegen eine Position im Verkauf zu besetzen, würde ich eher den Gujarati nehmen, weil er mit hoher Wahrscheinlichkeit der flexiblere, reisefreudigere und bessere Verkäufer ist – auch wenn er das Unternehmen irgendwann verlassen wird.

Die Sindhis

Die Sindhis kommen aus einem Gebiet, das noch nördlicher liegt als Gujarat, früher zu Indien zählte und heute die Sindhi-Provinz in Pakistan bildet. 1947 flohen die meisten Sindhis nach der Unabhängigkeitserklärung Indiens in alle Welt, weil ihr Flecken Heimat an Pakistan fiel. Viele gingen nach Mumbai, Hongkong, Ostafrika, Kanada und die USA.

Traditionell sind die Sindhis Händler, Banker, Vermittler *(Middle-men)*, Lobbyisten oder Immobilienmakler. Sie verfügen über ein exzellentes Business-Netzwerk. Viele sind gut ausgebildet, und das nicht von ungefähr: Vor 1947 hatte Karachi die beste Ausbildung Indiens.

Als die Sindhis 1947 fliehen mussten, verloren sie fast alles Hab und Gut und mussten wieder bei null anfangen. Vielleicht kommt es daher, dass sie unter Indern im Ruf stehen, nicht immer ganz zu ihrem Wort zu stehen, nicht ganz zuverlässig und eher auf den eigenen Vorteil aus zu sein – zumindest sagen die Inder das untereinander. Daher kommt auch das indische Sprichwort: «Gibst du einem Sindhi die Hand, zähl danach deine Finger!» Ein anderes indisches Sprichwort sagt über die Sindhis, dass «ein Wort nicht ein Wort» ist. Will heißen: Wenn ein Sindhi sein Wort gibt, heißt das nicht automatisch, dass er dem Wort auch Taten folgen lässt. Was heißt das fürs Business?

Wenn Sie mit Sindhis Geschäfte machen, passen Sie besonders gut auf, checken sie wirklich alles doppelt ab, lassen Sie wasserdichte Verträge verfassen, regeln Sie alles schriftlich und seien Sie nicht zu vertrauensvoll.

Sindhis sind nicht darauf aus, Sie über den Tisch zu ziehen. Sie verfolgen lediglich ein stark ausgeprägtes Eigeninteresse. Angesichts dessen, was ihnen die Geschichte angetan hat, ist das nur zu verständlich …

Die Jains

Der Jainismus ist etwa zur gleichen Zeit wie der Buddhismus im sechsten Jahrhundert v. Chr. entstanden. Es gibt zwei verschiedene Gruppen von Jains. Zum einen die *Digambaras*, deren Priester nackt sind, weil sie sich als Asketen sehen. In Indien findet das keiner seltsam, anstößig oder unangebracht – warum auch, bei den herrschenden Temperaturen … Es wird Ihnen als Westler zwar nicht häufig passieren, doch wenn Sie tatsächlich mal einen nackten Mann auf der Straße treffen sollten, denken Sie nicht an das europäische, sondern das indische Naheliegende: Das ist kein Exhibitionist, sondern ein respektabler Priester. Die Digambaras-Jains gehen oft mit Mundschutz auf die Straße, damit sie keine Mücken verschlucken – sie ernähren sich verschärft vegetarisch.

Zum anderen gibt es innerhalb der Jains die *Shetambaras*. Deren Priester tragen ganz normale weiße Lungis (Sie erinnern sich? Die üblichen indischen Beinkleider).

In Indien sagt man über die Jains, dass sie fleißig und zuverlässig sind und starke Familienbande pflegen. Viele Jains handeln seit

Generationen mit Diamanten, Schmuck und Geld. Wenn ein Inder 100 000 Dollar für eine geschäftliche Investition braucht, geht er zu einem Jain, der als Privatfinanzier arbeitet, und borgt sich das Geld.

Jains heiraten nur untereinander, was allmählich zu einem genetischen Problem wird. Sie ernähren sich verschärft vegetarisch. Das heißt, sie essen nur Pflanzen, die in der Erde wachsen, wie Kartoffeln oder Zwiebeln. Also keine Tomaten, Bohnen, Gurken oder Zucchini. Sie essen auch keine Eier. Diese strenge Esskultur macht im Business Probleme. Einen Jain zum Geschäftsessen einzuladen, ist in Europa eine geradezu herkuleische Herausforderung.

In ein normales Restaurant können Sie nicht mit ihm gehen – selbst wenn dort Gerichte nach seinen strengen vegetarischen Vorschriften zubereitet würden. Der Geruch und der Anblick der Fleischgerichte, die um ihn herum serviert würden, würden ihn in den Wahnsinn treiben. Aus diesem Grund leben Jains häufig in Enklaven, in denen nur Jains wohnen. Damit ist sichergestellt, dass an einem lauen Sommerabend der Nachbar nicht den Grill anwirft, die Gegend mit dem Geruch von gebratenem Fleisch zubrutzelt und alle Jain-Nachbarn in die Flucht schlägt.

In Indien ist es kein Problem, ein Restaurant zu finden, das Jain-Küche kocht. Ganz selbstverständlich sollten Sie bei dieser Gelegenheit ebenfalls auf ein Fleischgericht verzichten. Jeder Jain würde das sonst als Affront auffassen.

Die Marathis

Die Marathis (auch: *Maharashtrians*) kommen aus Maharashtra im Westen Indiens. Ihre Hauptstadt ist Mumbai. Traditionell sind die Marathis in der Landwirtschaft und seit rund 20 Jahren auch im Weinbau tätig. Sie sind die ursprünglichen Zuckerbarone. Da Maharashtra am Wasser liegt, ist der Fischfang ebenfalls ein traditionelles Gewerbe. Im 17. Jahrhundert waren viele Marathis Krieger. Deshalb gehören auch heute noch viele zur Kriegerkaste. Pawar, Patil, Deshmuk – wenn Sie diese Nachnamen hören, können Sie fast sicher sein, dass der Namensträger Marathi ist.

Wegen ihrer rustikalen Tradition sind die Marathis auch heute noch sehr bodenständig. Fürs Business heißt das: Sie sind meist sehr loyal einem Unternehmen gegenüber, das sie gut behandelt. Sie bleiben länger in einem Betrieb als zum Beispiel die Gujaratis, sind dafür aber nicht so flexibel und reisefreudig. Es lohnt sich also, schon beim Bewerber-Interview die einzelnen Volksgruppen zu kennen oder zumindest mitreden und mitdenken zu können, wenn Ihr einheimischer Personalreferent über seine Einstellungsstrategie den einzelnen Volksgruppen gegenüber redet.

Die Marwanis

Die Marwanis stammen ursprünglich aus dem Dreieck Maharashtra–Gujarat–Rajasthan im Norden Indiens. Aus dieser Ecke kommen auch die Marwani-Pferde, die im Polo sehr bekannt sind. Marwanis gelten in Indien als begnadete Buchhalter.

Weil die Marwanis so gut mit Zahlen umgehen können, sind sie sehr stark auf den eigenen Vorteil bedacht. Geld spielt in ihrem Leben eine wichtige Rolle.

Man findet Marwanis in vielen Business-Bereichen, unter anderem im Geldhandel. Zwei der größten indischen Unternehmen gehören Marwani-Familien. In Indien sagt man ihnen nach, dass sie bei Geschäften immer die Oberhand behalten wollen und knallhart verhandeln.

Mancher westliche Geschäftsmann denkt noch immer: «Indien ist doch dritte Welt! Was können die denn schon groß?» Gegenüber den Marwanis ist das eine geschäftliche Selbstmord-Einstellung.

Wenn sie mit Marwanis verhandeln, müssen sich selbst abgebrühte Businessleute aus dem Westen warm anziehen. Die Marwanis sind ausgesprochen geschäftstüchtig und bekannt dafür, dass sie sich nicht immer an Zusagen halten. Bei Marwanis brauchen Sie wasserdichte Verträge. Sonst verlieren Sie die Vorherrschaft im eigenen Unternehmen.

Die Punjabis

Die Punjabis kommen aus dem Punjab im Norden Indiens. Sie gehören größtenteils der Religion der Sikhs an. Man erkennt sie an Turban, Bart und langen Haaren. Sie sind von alters her dafür bekannt, exzellente Soldaten zu stellen. Die besten Soldaten der indischen Armee, neben den Gurkhas, waren Sikhs: Sie machten zeitweilig sieben Prozent der Armee-Angehörigen aus – aber nur ein Prozent der indischen Bevölkerung. Das heißt, die Sikhs waren in der indischen Armee siebenfach überrepräsentiert. Eine an sich schon beachtliche Leistung. Darüber hinaus waren und sind die Sikh-Soldaten bei ihren Feinden für ihre exzellente Disziplin, Loyalität und ihre soldatische Härte berühmt.

Die Gründe dafür liegen in ihrer sehr männlich geprägten Religion, die besagt: Ein Mann ist nur dann ein echter Mann, wenn er kämpft. Zur traditionellen Tracht der Sikhs gehört deshalb auch, wenig erstaunlich, das zeremonielle Schwert. In ihrer Religion ist auch begründet, dass ein guter Sikh bereit sein muss, alles zu opfern, auch sein Leben – eine ideale Einstellung für den Militärdienst.

Im Gegensatz zu den Hindus, die viele Götter verehren und viele Kasten haben, beten die Sikhs nur einen Gott an und haben keine Kasten. Sikhs können Hindus heiraten – aber sie werden selten Moslems oder Christen ehelichen.

Punjabis sind sehr stolz auf ihre Abstammung. Daher tragen viele von ihnen die wunderschönen Turbane, die der unkundige Westler als Sinnbild für den Inder an sich hält.

Nicht die Inder tragen Turbane, sondern unter den Indern lediglich die Sikhs. Es gibt auch Sikhs, die keine Turbane tragen, die nennt man Mona-Sikhs. Man erkennt sie nur an ihrem Namen als Sikh, zum Beispiel Singh.

Punjabi-Pop

Man kann sagen, dass die Punjabis die ersten Gastarbeiter in Delhi waren, weil der Großteil des Punjabs 1947 an Pakistan fiel: Etliche flohen nach Delhi oder ins Ausland nach Kenia, Kanada oder in die USA. Viele von ihnen waren nicht besonders gut ausgebildet, weshalb in Indien jede Menge Witze über die Punjabis kursieren. Zum Beispiel: Herr Bata fragt Herrn Singh: «Was hast du denn für seltsame Socken an? Der eine gepunktet und der andere gestreift!» – «Ja, seltsam, nicht? Noch viel seltsamer ist aber, dass ich zu Hause nochmals so ein Paar habe!»

Nicht gerade ein Brüller – doch in Indien sieht man damit eine charakteristische Eigenschaft der Punjabis beschrieben. Was sagt man in Indien den Punjabis noch nach? Dass sie das Leben in vollen Zügen genießen – eine beneidenswerte Eigenschaft. Gutes Essen, Trinken und Feiern ist ihnen immens wichtig. Die in Europa bekannteste indische Musik ist deshalb, wenig erstaunlich, der so genannte Punjabi-Pop, den westliche Jugendliche «voll tanzbar» finden und alle Jahre wieder auch in die europäischen Charts wählen.

Weil die Punjabis das Leben so genießen, essen sie auch reichlich Fleisch. Charakteristisch für ihre Menüs sind die so genannten Tandoori-Gerichte. Der Tandoori ist ein Holzkohlenofen (und die Tandoori-Paste demzufolge ein Gewürzmix).

Die Punjabis sind offenherzige Menschen. Aber wehe, man ärgert oder betrügt sie. Dann können sie ausgesprochen ungemütlich und aggressiv werden.

Sikhs im Business

Wenn Sie einen Sikh als Geschäftspartner haben, können Sie nicht nur mit absolut köstlichen Geschäftsessen rechnen. Sie sollten auch wissen: Sikhs bevorzugen im Business andere Sikhs.

Das heißt nicht, dass ein Sikh keine Geschäfte mit Ihnen machen möchte. Es heißt vielmehr: Er macht Geschäfte mit Ihnen – doch wenn Sie Lieferanten, Berater, Mitarbeiter und weitere andere Geschäftspartner brauchen, wird er nicht unbedingt und automatisch die besten Kandidaten dafür auswählen, sondern eben andere Sikhs. Sikh hält zu und hält sich an Sikh.

Damit nützt Ihnen das ansonsten so hilfreiche Netzwerk der Inder nicht wirklich: Das Netzwerk der Sikhs ist einfach zu klein. Viel kleiner als zum Beispiel das Netzwerk der Sindhis.

➲ Tipp:
Wenn Sie Ihren Sikh-Geschäftspartner im Verdacht haben, Sie nur aus seinem eigenen engen Netzwerk zu bedienen, schauen Sie sich rechtzeitig nach Alternativen zu seinen Vorschlägen um.

Die Kashmiris

Die Kashmiris kommen, wie der Name schon sagt, aus Kaschmir. Die Bevölkerung dort setzt sich zu 90 Prozent aus Moslems, zu 5 Prozent aus Hindus zusammen. Den Rest bilden Buddhisten und Christen. Das ist etwas ungewöhnlich, weil der König von Kaschmir Hindu war, obwohl die Mehrheit seines Volkes aus Moslems bestand. Die Kashmiris sind Businessleute, insbesondere auch Kleinhändler: Man trifft sie auf jedem Markt in Indien, wo sie zum Beispiel Souvenirs und Teppiche verkaufen. Im Projekt-Business, für das sich westliche Businessleute hauptsächlich interessieren, spielen sie daher eher eine untergeordnete Rolle.

9 Die indische Frauenfrage

Frauen werden Sie in Indien ungefähr genauso oft im Business zu Gesicht bekommen wie in Teilen von Europa auch: eher selten. Sie begegnen ihnen eher bei gesellschaftlichen Anlässen, auf Ämtern oder in der Politik. Gerade in der Politik sind indische Frauen stark vertreten.

- 17 Prozent der Parlamentssitze sind von Frauen besetzt.
- 10 Prozent der Minister im Kabinett sind Ministerinnen.
- 18 Prozent der Lehrstuhlinhaber sind Professorinnen. Zum Vergleich: In Deutschland sind es lediglich 10 Prozent. Indien hat darüber hinaus sehr viele Ärztinnen.

Treffen Sie auf einer Behörde auf eine weibliche Amtsinhaberin, können Sie davon ausgehen, dass sie wahrscheinlich *IAS-Officer* ist, über eine exzellente Ausbildung verfügt und mindestens genauso qualifiziert, stark und kompetent ist wie ein männlicher Beamter.

Auch im Business kann es passieren, dass Sie einer Frau in gehobener Position begegnen. Dann können Sie davon ausgehen, dass sie exzellent ausgebildet ist oder das Unternehmen der Familie der Frau gehört – oder beides der Fall ist.

Fast könnte man den Eindruck bekommen, dass die Inder besser mit starken Frauen zurechtkommen als zum Beispiel die Deutschen. Nur so ist zu erklären, wie der Subkontinent eine Frau von der politischen Statur Indira Gandhis hervorbringen konnte. Tochter des legendären J. Nehru und Vorsitzende der Kongresspartei, regierte sie das Land von 1966 bis 1977 und von 1980 bis zu ihrer Ermordung 1984. Ihre Schwiegertochter Sonja, Frau des 1989 ermordeten Rajif Gandhi, ist heute noch die Vorsitzende der indischen Kongresspartei – und nebenbei bemerkt eine der mächtigsten Frauen der Welt.

Unter den indischen *Chief Ministern,* den Landesfürsten, vergleichbar mit den deutschen Ministerpräsidenten, findet sich auch mit schöner Regelmäßigkeit die eine oder andere Landesfürstin, wie zum Beispiel Jalalalita, Chief Minister von Tamil Nadu. Eine andere starke Politikerin ist seit Jahren Mamata in Bengalen. Zurzeit wird diskutiert, ob in der Politik generell und landesweit eine Frauenquote eingeführt werden soll.

➲ **Tipp:**

Wenn Sie auf eine Frau in gehobener Position treffen, können Sie – wie in Europa übrigens auch – damit rechnen, dass sie mindestens so gut ist wie ein Mann, wenn nicht besser.

Die Frau in der Gesellschaft

In Indien gibt es deutlich weniger Frauen als Männer, weil weibliche Föten, so bös das klingt, eher abgetrieben werden.

Auf 1000 Inder kommen 933 Inderinnen. In Europa ist es wie in den meisten Ländern genau umgekehrt: Es gibt mehr Frauen als Männer. Die Ursache dafür liegt in der indischen Tradition begründet:

In Indien einen Gatten für eine Frau zu finden, setzt heftige Verhandlungen der Elternpaare voraus – und eine happige Mitgift.

Mehr als 95 Prozent der indischen Ehen sind arrangiert. Dabei müssen die Eltern der Braut eine Mitgift einbringen, eine so genannte *Dowry.* Auf gut Deutsch: Die Eltern des Mädchens müssen für den Bräutigam bezahlen. Deshalb sind für indische Eltern Mädchen einfach teurer als Jungs; manchmal eben auch unerschwinglich. Die *Dowry* ist zwar gesetzlich verboten – aber keiner hält sich daran.

Im 17. Jahrhundert gab der König von Portugal dem König von England als Mitgift für seine Tochter nichts weniger als ganz Mumbai. Mumbai war damals wie Din und Daman (Gujarat) portugiesische Kolonie.

Die Mitgift-Tradition hat einen eigenen Businesszweig hervorgebracht: Tests zur Geschlechtsbestimmung des Fötus. Indische Ärzte machen ein Heidengeschäft damit. Nicht weniger gut verdienen allerlei Gurus, die versprechen, dass eine Frau unter Garantie einen Jungen bekommt, wenn sie das für teures Geld bezahlte Rezept des Gurus befolgt.

Ist ja alles ganz nett und kulturhistorisch interessant, werden Sie sich sagen, aber was geht mich als Geschäftsmann die Mitgift indischer Mädchen an? Einiges.

Mitgift als Kündigungsgrund

Tatsächlich hat die ganze Mitgift-Geschichte in den zurückliegenden Jahren solche Turbulenzen, Auswüchse und gesellschaftlichen Verwicklungen getrieben, dass große Unternehmen inzwischen in die Arbeitsverträge mit ihren Mitarbeitern den Passus aufgenommen haben: Lernt sich ein Paar im Unternehmen kennen, möchte heiraten und die Eltern des Mannes verlangen eine *Dowry* von den Eltern der Frau, verliert der Mitarbeiter und Bräutigam in spe seinen Job.

Denn sonst würde die Mitarbeiterin als potenzielle Gattin unter viel zu hohem Druck stehen, weil ihre Eltern, die es sich im Allgemeinen nicht leisten können, so viel für sie bezahlen müssen. Wenn Sie Frauen in Ihrem indischen Unternehmen beschäftigen, werden Sie mit einem geübten Auge sowieso bald erkennen können, dass diese oft enorm unter Druck stehen. Eine unverheiratete

Frau jenseits der 30-Jahre-Grenze ist für ihre Familie und sich selbst ein ziemliches Problem. Als Vorgesetzter oder Unternehmer muss man solche Dinge wissen, um indische Belegschaften verstehen und führen zu können. Und vor allem: Um nicht von einem Fettnäpfchen ins nächste zu treten.

Unsere Nachbarn in Indien kommen aus Bangalore. Ihre Tochter ist 27 Jahre alt und arbeitet in der IT-Industrie. Als die Eltern begannen, einen Mann für sie zu suchen, zogen sie sich für über ein Jahr zurück nach Bangalore, um für die Suche vor Ort zu sein. Sie stellten ihrer Tochter auch eine Hand voll Kandidaten vor. Leider fand keiner die Gunst der Tochter. Das Unternehmen Heirat war gescheitert. Die Eltern zogen todunglücklich wieder zurück nach Goa. Die Tochter lebt jetzt in Mumbai, der einzigen indischen Stadt, in der ein weiblicher indischer Single ohne größere gesellschaftliche Stigmatisierung leben kann. Das ist noch nicht einmal in der IT-Metropole Bangalore möglich!

Die meisten indischen Single-Frauen leben in Mumbai.

Die ideale indische Familie

Ist die Frau schliesslich verheiratet, strebt ihre Familie dem familiären Idealbild nach. In Indien ist das die *Joint Family:* vier Generationen unter einem Dach. Das Ehepaar selbst, dazu meist die Eltern des Mannes, deren Eltern, eventuell noch nicht verheiratete Geschwister des Bräutigams und natürlich die Kinder des Paares. Der Chef der *Joint Family* ist der Vater des Bräutigams. Kulturhistorisch Interessierten wird das bekannt vorkommen: Richtig, bei den alten Römern war das auch so. Der *pater familias* beherrschte die Familie, und der Sohn blieb der Sohn, selbst wenn er auf die 70 zuging…

Die Erklärung für den Generationen-Verbund habe ich schon auf Seite 41 angedeutet; er ist gewissermaßen die Sozialversicherung der Inder. Außerdem gibt es nur wenige Altersheime in Indien, deren Zahl jedoch inzwischen kräftig steigt.

Altersheime sind wie der ganze Gesundheitsmarkt eine indische Wachstumsbranche mit vielen guten Geschäftsmöglichkeiten. Es gibt schon etliche westliche Hersteller, die den Markt erkannt haben und medizinisches Gerät nach Indien liefern.

Wenn Sie einen Betriebsausflug machen oder mit Kollegen nach Feierabend noch essen gehen, kann es passieren, dass die Kolleginnen nicht mitkommen. Weil es ihnen von den Eltern nicht erlaubt wird oder weil ihr Mann das nicht gerne sieht. Aus diesem Grund werden Sie, außer in Mumbai, auch kaum eine Frau allein in einem Restaurant sehen: Eine anständige indische Frau tut das nicht.

Aus demselben Grund hat es sich auch eingebürgert, dass man in Indien Familien-Betriebsausflüge macht. Wenn Ehepartner, Kinder oder Eltern mitkommen dürfen, dann dürfen auch die Mitarbeiterinnen mitkommen.

Die indische Kernfamilie

Natürlich macht der Zeitgeist auch nicht vor Indien Halt. Neben der traditionellen *Joint Family* gibt es in der Zwischenzeit auch viele Kernfamilien wie bei uns im Westen, die auf zwei Elemente verkleinert sind: das Elternpaar und seine Kinder.

Viele Inder empfinden das nicht als bedauernswerte Abkehr von der Tradition oder Abschied von der guten alten Großfamilie, sondern als äußerst erleichternd: Wenn man als junges Paar zu siebt in einer Dreizimmerwohnung mit vier Generationen auf engstem Raum zusammenleben muss, erscheint die eigene kleine Wohnung geradezu als Paradies. Das würde uns nicht anders gehen …

Umgang mit Frauen

Wenn Sie indische Führungskräfte im Umgang mit indischen Mitarbeiterinnen beobachten, wird Ihnen vielleicht auffallen, dass diese mit den Frauen recht direktiv umspringen. Für den Inder ist das logisch, denn eine Frau ist ja bekanntlich weniger wert als ein Mann. Warum müsste man denn sonst Mitgift für sie bezahlen? Dieses Werturteil spiegelt sich auch in der *Literacy Rate* wider: Nur rund 54 Prozent der Inderinnen können lesen und schreiben. Bei den Männern sind es fast 76 Prozent. Das heißt zum Beispiel auch: Viele indische Chauffeure können nicht die Straßenschilder lesen. Denn die Fahrprüfung ist nur praktisch, nicht theoretisch.

Auch zu diesem Phänomen lautet die Volksmeinung vor allem auf dem Lande: Wozu muss eine Frau fürs Kinderkriegen lesen können? Bei Moslemfrauen ist die *Literacy Rate* noch niedriger. Das ist übrigens kein speziell indisches Problem: In allen Ländern mit niedrigem Bildungsniveau ziehen die Frauen den Kürzeren.

Sie werden außerdem immer wieder erleben, wenn Sie sich mit einer Inderin unterhalten, dass diese Sie im Gespräch einfach nicht anschaut. Sie stellt keinen Blickkontakt her, sie weicht Ihrem Blick aus. Wenn man als Führungskraft mit einer indischen Mitarbeiterin spricht, ist das sehr irritierend. Man fragt sich unwillkürlich: Hört die überhaupt zu? Ignoriert die mich etwa? Ganz im Gegenteil: Es schickt sich für eine indische Frau nicht, Männern ins Auge zu schauen. Sie hat den Blick abzuwenden.

Selbst ich als Europäerin halte mich an diesen Brauch. Ich würde nie einem fremden Inder länger in die Augen schauen. Wenn ich auf der Straße einem Inder begegne, schlage ich die Augen nieder, wenn er mich anschaut.

Als Frau warte auch ich in Indien stets, ob der Mann mir die Hand zum Gruß gibt oder nicht. Ich würde nie von mir aus die Hand ausstrecken – es sei denn, ich kenne den Inder gut. Denn ich weiß bei einem Fremden nicht: Möchte er jetzt meine Hand nehmen, oder ist es ihm unangenehm? Also wartet frau ab.

Umgekehrt gilt: Als europäischer Mann sollten Sie in Indien einer Frau, die Sie nicht kennen, zum Gruß nicht einfach so die Hand hinstrecken. Es ist möglich, dass Sie sie damit in eine unangenehme Lage bringen. Die indischen Sitten beim Gruß vertiefen wir übrigens im nächsten Kapitel.

Angst vor weißen Frauen

Viele Inder fürchten sich vor weißen Frauen. Weil weiße Frauen ihnen fremd sind, viel emanzipierter auftreten (auch wenn sie das gar nicht beabsichtigen) – und vor allem: weil sie größer sind als indische Frauen. Die meisten Inderinnen sind klein und zierlich. Die Schauspielerinnen aus Bollywood und die indischen Kandidatinnen für Miss World und Miss Universe entsprechen natürlich nicht dem realen Erscheinungsbild der indischen Frauen: Sie sind viel größer gewachsen und vor allem hellhäutiger, was Indern wichtig ist, weil es dem arischen Idealbild entspricht (siehe auch Seite 63f.).

Trifft der konservative indische Mann außerhalb von Leinwand oder Mattscheibe jedoch auf eine große, selbstbewusst auftretende Europäerin, weiß er zunächst einmal nicht, wie er sich verhalten soll. Die Frau ist ihm einfach fremd. Deshalb reagiert er mit Verunsicherung und Furcht. Aber natürlich gibt sich das mit der Zeit, je länger zum Beispiel eine europäische Businessfrau im Land und im Unternehmen ist und je länger sie den indischen Männern Gelegenheit gibt, sie kennen zu lernen und sich auf sie einzustellen. Das ist wie in jedem fremden Land ein Kennenlernen auf Gegenseitigkeit.

10 Der Indien-Knigge

Seien Sie unpünktlich!

Andere Länder, andere Sitten. Wer nicht gleich als ungehobelter, imperialistischer Ausländer auffallen möchte, tut gut daran, sich mit den indischen Umgangsformen etwas auszukennen. Außerdem erleichtert Ihnen diese Kenntnis auch das Verständnis Ihrer indischen Geschäftspartner enorm. Deshalb machen wir uns in diesem Kapitel in den grundlegendsten Zügen mit den Umgangsformen in Indien vertraut.

Beginnen wir mit einem sehr häufigen Anlass: Dank Ihrer Geschäftskontakte werden Sie recht häufig auch privat eingeladen werden, sagen wir, zum Beispiel auf abends 19 Uhr. Damit ist die Wahrscheinlichkeit groß, dass Sie schon den ersten, typisch europäischen Fehler machen werden:

➲ Tipp:

Kommen Sie bloß nie pünktlich zu einer privaten Einladung!

Denn dann werden Sie allein auf weiter Flur Ihren erstaunten indischen Gastgebern gegenüberstehen: Wenn auf 19 Uhr eingeladen wird, kommen die indischen Gäste meistens erst um 20 Uhr, eher um 20.30 Uhr. Ein nicht unerheblicher Rest wird gar erst gegen 21 Uhr eintrudeln.

In Indien rechnet keiner damit, dass Sie pünktlich erscheinen. Es sei denn, es ist eine öffentliche Veranstaltung.

Wo Sie pünktlich sein müssen

Die indische Unpünktlichkeit ist sprichwörtlich. Doch lassen Sie sich davon bloß nicht ins Unglück leiten. Denn jede Regel hat auch Ausnahmen:

So unpünktlich es sonst in Indien zugeht, bei Terminen mit Bürokraten, Behörden, Ministerien und vor allem bei *Tender Meetings* sollten Sie absolut pünktlich sein – sonst können Sie Ihr Anliegen gleich vergessen.

Ich verbrachte mal einen ganzen Vormittag damit, einem indischen Manager in einem Großunternehmen auf die Füße zu treten, damit er doch endlich heute noch eine einzige Seite mit einem Angebot schicken solle – weil heute der letzte Abgabetermin war. Ich habe ihn gut und gern fünfmal angemailt und fünfmal angerufen. Er meinte immer wieder, er könne das doch auch noch morgen machen. Dabei lagen ihm die Unterlagen schon seit sechs Wochen vor. Das ist typisch Indien. Wenns pünktlich sein soll, muss der Westler puschen.

Schuhe aus

Es wird erwartet, dass Sie beim Betreten eines Privathaushaltes die Schuhe an der Tür ausziehen und barfuß oder in Socken (je nachdem) das Haus betreten. Das gilt ebenfalls für den Besuch eines Tempels und – für Westler erstaunlich – für das Betreten des einen oder anderen Büros, zum Beispiel des Büros eines hohen Beamten, eines Ministers oder eines Abgeordneten, beispielsweise eines MLA *(Member of the Legislative Assembly).*

Der Gruß

Älteren Indern geben Sie nicht die Hand. Sie grüßen sie mit dem typisch indischen Gruß: Die senkrechten Handflächen vor der Brust aufeinander legen, den Kopf leicht nach vorne neigen und den indischen Gruß aussprechen (in Lautschrift): *Namasté.* Das heißt «Guten Tag» und kann zu jeder Tages- und Nachtzeit verwendet werden. Wenn Sie die Eltern und Großeltern der Familie Ihres Gastgebers so begrüßen, liegen Sie immer richtig.

Zwischen Männern gibt man sich auch häufig die Hand. Doch eine Frau sollte stets warten, ob ihr der Mann die Hand zum Gruß hinstreckt oder nicht. Wenn Sie als Mann nicht wissen, wie Sie eine indische Frau grüßen sollen, machen Sie mit dem indischen Gruß nichts falsch.

Immer die Business-Card dabei

Was passiert nach dem Gruß? Wenn Sie einen Inder noch nicht kennen, lautet die richtige Antwort: Business-Cards, Visitenkarten austauschen.

➲ **Tipp:**
Gehen Sie nie ohne einen kleinen Stapel Business-Cards aus dem Haus!

Das hat nichts mit Eitelkeit oder übertriebener Akquise zu tun. Das ist in Indien schlicht Sitte. Warum ist den Indern die Business-Card-Zeremonie nach dem Gruß so wichtig?

In Indien ist alles Geschriebene sehr wichtig. Sehr viel wichtiger als bei uns! Die Inder halten sich an den Spruch: Was ich lesen kann, kann ich getrost nach Hause tragen.

In Europa wird mittlerweile alles Geschriebene eher ignoriert:

Gesetze, Hausmitteilungen, Bücher, Memos … Wir haben einfach zu viel davon. In Indien ist das ganz anders. Ein europäischer Wegwerfartikel wie die Visitenkarte ist in Indien richtig wichtig.

Einer unserer Geschäftsfreunde tat einmal vor versammelter Mannschaft den Spruch: «Es ist in Indien schlimmer, ohne Business-Card in ein Meeting zu kommen als ohne Hose!» Wir mussten alle herzhaft lachen, denn so witzig es auch klingt: Der Mann schätzt die Bedeutung der Business-Card für die indische Business-Kultur ganz richtig ein. Eine ähnliche Bedeutung hat die Business-Card auch in Japan.

Damit kommen wir zu einer einfachen Gebrauchsanleitung für Visitenkarten.

Was machen Sie in Europa, wenn Sie eine Visitenkarte bekommen haben? Sie stecken sie in die Tasche, was auch sonst?

Das ist in Indien eine grobe Unhöflichkeit. Lesen Sie höflich und ostentativ jedes Wort auf der Ihnen gereichten Karte. Und lassen Sie Ihrem indischen Gegenüber schweigend ausreichend Zeit, um Ihre Karte aufmerksam zu lesen. Häufig ist man dadurch schon im Small Talk. Treffen Sie Herrn Reddy, fragen Sie zum Beispiel (s. Kapitel 7, Seite 100): «Ist Ihre Familie aus Hyderabad?»

➲ **Tipp:**
Stecken Sie nie eine Visitenkarte ungelesen weg.

Übrigens: Indien ist eine eher formelle Kultur. Benutzen Sie daher nicht so einfach den Vornamen im Gespräch.

Was schenken?

Inder lieben es, wenn Sie zu privaten Einladungen als Gastgeschenk Präsente aus Europa mitbringen. Sie lieben die bemalte Tasse mit dem Stuttgarter Fernsehturm, Alt-Heidelberg auf dem

Deko-Teller, die Schwarzwälder Kuckucksuhr oder andere Präsente, die bei uns schon mal als Kitsch durchgehen würden. Wir tun gut daran, uns zu erinnern: Was für uns selbstverständlich ist, ist für Indien eben exotisch. Umgekehrt ist es ja auch nicht anders.

Wenn Sie Ihre Gastgeber und deren Vorlieben schon näher kennen, ist Weintrinkern auch eine Flasche europäischen Weins willkommen. Denn das indische Weinangebot ist für Liebhaber edler Tropfen nicht sehr üppig. Oder nehmen Sie eine Flasche Whisky – aber bitte nur *Black Label*, wenn der Beschenkte ein Bürokrat ist.

Was als Geschenk in Indien gut ankommt, ist manchmal erstaunlich und erstaunlich einfach. Unsere christlichen Freunde in Indien zum Beispiel sind immer ganz entzückt, wenn wir eine Salami oder etwas Schwarzgeräuchertes aus Europa mitbringen.

Schenken mit Zahlen

Das Thema Glauben und Aberglauben hatten wir schon (Seite 57 ff.). Nun kehrt es noch einmal im Zusammenhang mit den Geschenken zurück.

➲ Tipp:

Verschenken Sie niemals drei Dinge einer Art! Wenn Sie Gutscheine verschenken, dann niemals über eine gerade Zahl. Das bringt «bad luck».

Also bitte nie drei Tassen, Flaschen oder Blumen verschenken. Übrigens können Sie getrost rote Rosen verschenken. Das hat in Indien nichts mit Liebe zu tun. Die Drei ist in Indien wie bei uns die Dreizehn eine Unglückszahl. Verschenken Sie auch keine Taschentücher, denn diese bringen Differenzen in die Beziehung.

Jeder Inder weiß das. Ebenso wenig verschenkt werden Schuhe oder Socken, denn auch diese Geschenke bringen Unglück.

Auch keine Gutscheine über 100, 200 oder 300 Rupien, Lutscher oder Luftballone, sondern über 101, 201 oder 301. 100 indische Rupien sind übrigens rund zwei Euro.

Schenken Sie 'nen Elefanten

Es ist gute Sitte, dass man bei einer Geschäftseröffnung einen *Ganesh* schenkt. Das ist die indische Elefantengottheit. Denn ein Ganesh bringt Glück.

➲ Tipp:
Verschenken Sie jedoch nie einen Ganesh, der seinen Rüssel auf der rechten Seite trägt!

Diesen Ganesh dürfen Sie nur in einen Tempel tragen. Verschenken Sie auch niemals die Gottheit *Lakhshmi*, obwohl diese die Gottheit des Geldes ist. Warum nicht? Weil eine verschenkte Lakhshmi bedeuten würde, dass Sie Reichtum weggeben, also verlieren.

Achten Sie auch darauf, dass Sie ein Geschenk niemals in Schwarz oder Weiß verpacken. Das sind die Farben der Trauer. Araber beispielsweise gehen in Weiß auf eine Beerdigung. Verpacken Sie in Rot, Grün, Gelb – das sind *Happy Colours,* glückbringende Farben.

Auch Blumengestecke kommen als Geschenk gut an, mit Ausnahme von *Frangipani.* Das ist eine Art Nelke, die deshalb nicht verschenkt wird, weil sie an Beerdigungen erinnert.

Sitten rund ums Schenken

Möglicherweise wird es Ihnen nie unterkommen, aber Sie kennen vielleicht Murphy's Law: Wenn Sie nicht davor gewarnt werden, passierts Ihnen wahrscheinlich gerade deshalb. Daher: Schenken Sie Moslems niemals etwas, das in lustigem Snoopy-Papier eingeschlagen ist. Nach dem Koran ist der Hund ein unreines Tier. Selbst wenn es ein weltberühmter Hund wie Snoopy, Pluto oder Lassie ist.

➲ **Tipp:**
Wenn Sie selbst ein Geschenk bekommen, öffnen Sie es nicht vor dem Geber!

Das gilt als unhöflich. In unseren Breiten ist es oft genau umgekehrt: Wer das Geschenk ungeöffnet weglegt, begeht einen Fauxpas.

Wer etwas verschenkt, sollte sinnigerweise stets eine Karte beilegen, damit der Beschenkte weiß, von wem das Geschenk kommt. Aber: Erwarten Sie nicht, dass ein Inder hinterher anruft und sich für das Geschenk oder eine Einladung zum Essen bedankt. Dankbar ist der Inder nur Gott gegenüber.

Sich zu bedanken, ist zwar in Europa Sitte, nicht jedoch in Indien. Deshalb ist es fast unmöglich, herauszufinden, ob Ihr Geschenk gefallen hat. Außerdem fragt sich der europäische Gastgeber natürlich: «Hat es meinen Gästen etwa nicht gefallen? Da ruft keiner an!» Nein, daran liegt es nicht. Es liegt schlicht daran, dass man das in Indien nicht tut.

Vor dem Essen

Was gibt es vor dem Essen? Klar, einen Aperitif. Also Whisky, Bier oder Wein. Das ist nicht unbedingt das, was Sie unter einem Aperitif verstehen? Da bewahrheitet sich wieder mal der alte Spruch: andere Länder, andere Sitten. Zum Aperitif à l'indienne werden Snacks gereicht: Huhn, Fisch, Nüsse, Gemüse, Soja. Dazu unterhält man sich über alles Mögliche; übers Business, über Politik, nur über jene Fettnäpfchen-Themen nicht, die Sie auswendig im Kopf haben sollten, um Peinlichkeiten zu vermeiden:

➲ **Tipp:**

Vermeiden Sie beim Aperitif-Geplauder Gespräche über: Familienangelegenheiten, Indiens Armut (das verletzt den Stolz der Inder), den Dreck auf den Straßen (dito), den Pakistan-Standpunkt (eines der heikelsten Unthemen überhaupt), Militärangelegenheiten (die indischen Militärausgaben liegen bei 12 Milliarden Euro).

Das kommt aus dem Großmachtverständnis der Inder. Auf den Waffenmärkten der Welt zählt Delhi zu den besten Kunden. Und noch ein Hinweis auf einen Konversations-Fauxpas, der den angeblich so aufgeklärten Westlern relativ leicht unterläuft: Wenn Inder über religiöse Angelegenheiten oder Bräuche reden – was häufig vorkommt, da Religion in Indien allgegenwärtig ist – vermeiden Sie typisch westliches Unverständnis oder gar Besserwisserei und Kritik à la: «Warum soll ein Elefant Glück bringen? Verstehe ich nicht.»

In Europa ist es inzwischen Usus, dass man religiöse Bräuche seiner Mitmenschen gerne durch den Kakao zieht: «Rennt jeden Sonntag in die Kirche, aber hat schon wieder 30 Mitarbeiter entlassen.» In Indien kommt diese Form der Ungläubigkeit einem Affront gleich. Religion und Spirituelles sind den Indern buchstäblich heilig. Auch wenn Ihnen manches an den religiösen Bräuchen seltsam vorkommt: Bleiben Sie stets respektvoll und diplomatisch. Es gibt so viele andere Themen, zu denen Sie gefahrlos Konversation treiben können:

➲ **Tipp:**
Inder lieben es, über Politik zu reden. Um dafür en courant zu sein, brauchen Sie bloß eine Tageszeitung zu lesen.

Die meisten maßgeblichen Zeitungen und Zeitschriften in Indien erscheinen auf Englisch. Was in Deutschland «Handelsblatt», «Wirtschaftswoche», FAZ oder «Süddeutsche» sind, sind in Indien *Economic Times, Times of India, Business Standard, Week* und *India today*.

Cricket!

Es gibt in Indien ein Gesprächsthema, das noch weitaus beliebter ist als Politik: Cricket, der Nationalsport schlechthin. Im Cricket ist Indien eine Weltmacht, gemessen an der überwältigenden Zahl der internationalen Titel und der Zahl der Sportler.

Cricket ist auch so ziemlich die einzige Sportart, in der Indien international an der Spitze liegt. Oder kennen Sie etwa einen indischen Olympiasieger? Bei den olympischen Sportarten rangiert Indien eher unter *also ran* (ist auch mitgelaufen), wie es die britischen Sportkommentatoren nonchalant ausdrücken. Bei den Olympischen Spielen in Griechenland 2004 errang Indien nur eine Silbermedaille im Schießen.

Doch für Cricket können sich die Inder bis in die Hysterie hinein begeistern – wie die Briten für Fußball oder die Amerikaner für Football. Im TV läuft Cricket 24 Stunden am Tag. Noch intensiver als in Deutschland oder England der Fußball. Für die meisten Kontinentaleuropäer ist das Spiel zwar anfänglich ein Buch mit sieben Siegeln. Doch wenn Sie sich ein wenig in Regeln und Spielzüge einarbeiten und sich von der indischen Cricket-Begeisterung anstecken lassen, werden Sie eine Menge Spaß damit haben – und unerschöpflichen Gesprächsstoff für sämtliche Einladungen in Indien.

Endlich: das Essen

Gegen 22.30 Uhr wird das Essen serviert. Wenn Sie pünktlich zur Einladungszeit um 19 Uhr erschienen wären, wären Sie jetzt schon halb verhungert. Selbst wenn Sie mit den üblichen 60 bis 90 Minuten «Verspätung» eingetroffen sind, haben Sie hoffentlich ausreichend Gebrauch von den zum Aperitif gereichten Snacks gemacht, um bei Kräften zu bleiben. Zum Essen wird dann nur noch H_2O getrunken. Einen Tischwein oder das Bier zum Essen wie in Europa gibt es in Indien nicht.

Wundern Sie sich nicht über die Sitzordnung beim Essen: Üblicherweise sitzen die Männer in einem Sitzkreis beim Essen zusammen, in einem anderen Kreis die Frauen. Einem europäischen Städter mag das atavistisch erscheinen. Doch in dörflichen Regionen Deutschlands wird diese Sitzordnung zum Beispiel in katholischen Kirchen immer noch praktiziert: linke Bankreihe Frauen, rechte Reihe Männer.

Wird nach dem Essen abserviert, stehen alle auf und gehen nach Hause – für den Europäer ein Schock. Denn er ist gewohnt, dass man nach dem Essen noch gemütlich beisammensitzt und redet. In Indien wird vor dem Essen parliert.

Die Tischsitten

Wundern Sie sich nicht darüber, was Inder beim Essen mit ihren Händen machen. Wenn sie mit der Hand essen, essen sie mit der Rechten. Die Linke ruht unter dem Tisch, weil sie traditionell die unreine Hand ist.

Ansonsten wird ganz normal mit Besteck gegessen. Was heißt normal: Ein Messer werden Sie in Indien eher selten neben dem Teller finden. Was zu schneiden ist, wird nämlich schon bei der Zubereitung in der Küche geschnitten. Das Fleisch zum Beispiel kommt in mundgerechten, gulaschähnlichen Häppchen; sehr appetitlich. Deshalb isst man in Indien hauptsächlich mit Löffel und Gabel. Messer werden selten aufgelegt.

Wenn Sie selber einladen

Wird man in Europa abends zum Essen von Geschäftspartnern eingeladen, bringt man wie selbstverständlich den Partner mit – sofern es nicht ein exklusiver Herren- oder Damenabend ist. In Indien ist es gerade umgekehrt:

➲ **Tipp:**
Wenn Sie möchten, dass die Eingeladenen auch ihre Frauen und eventuell Kinder mitbringen, müssen Sie das in der Einladung ausdrücklich sagen/schreiben.

Sonst kommen nämlich nur die Männer. Lediglich in Großstädten wie Delhi oder Mumbai kommen die Frauen auch mal mit, ohne dass Sie sie ausdrücklich einladen müssen. Wenn mein Mann und ich in Indien einladen, dann

- kommt inzwischen die Hälfte unserer männlichen Gäste alleine,
- bringt ein Viertel die Frau mit,
- bringt ein weiteres Viertel Frau und Kinder mit.

Ich sage «inzwischen», weil das nicht von Anfang an so war: Wir mussten das immer wieder ausdrücklich sagen, bis es die Inder schließlich annahmen. Andererseits macht es absolut keinen Sinn, zu insistieren, wenn ein Inder seine Frau partout nicht mitbringen möchte. Uns mag das antiquiert oder gar frauenfeindlich erscheinen, aber in Indien gelten eben andere Maßstäbe. Die mögen uns nicht immer schmecken – doch es sind immerhin die geltenden

Maßstäbe. Wie ausgerechnet die Amerikaner gerne sagen: *When in Rome, do as the Romans do.*

Wenn Sie Hindus einladen

Wenn Sie Hindus einladen, achten Sie darauf, dass Sie kein Beef (Rindfleisch) servieren und auf jeden Fall genügend Veg-Gerichte anbieten.

Wenn Sie strenge Vegetarier zu Gast haben, sollten Sie außerdem verschärft darauf achten, dass in den Veg-Gerichten auch kein Ei drin ist. Für uns Europäer zählt Ei ja zu den vegetarischen Gerichten. Wenn Sie jedoch im indischen Flieger sitzen und zum Frühstück «Non-Veg» bestellen, bekommen Sie stets das Omelett. Der Inder würde sagen: «Ist ja auch klar, oder? Seit wann ist das Huhn eine Pflanze?»

Es gibt in Indien übrigens auch Kuchen, die ganz ohne Eier gebacken sind. Die sind zwar etwas bröselig und ziemlich trocken – ich brauche zu einem Stück Kuchen drei Gläser Wasser –, doch geschmacklich ganz wunderbar. Sobald Sie sich daran gewöhnt haben, dass in Indien die Süßwaren wirklich ihren Namen verdienen: Das ist alles superzuckersüß.

Die Geschäftseröffnung

Indien ist ein wirtschaftlich aufstrebendes, ja boomendes Land. Entweder Sie werden häufiger zu einer Geschäftseröffnung eingeladen – oder Sie laden selber ein, wenn Sie in Indien Geschäft oder Niederlassung eröffnen. Dabei sollten Sie einige Gebräuche beachten.

Wie bereits mehrfach erwähnt, sind Inder sehr abergläubisch. *Good Luck* und *Bad Luck* spielen eine dominierende Rolle in ihrem Leben. So auch im Geschäftskontext. Ein Inder würde zum

Beispiel nie bei abnehmendem Mond ein Geschäft eröffnen (also tun Sie es auch nicht).

➲ **Tipp:**
Bei einer Geschäftseröffnung macht man selbstverständlich ein Pooja (gesprochen: *Puhdscha*).

Das ist eine festliche Hindu-Zeremonie. Selbst wenn Sie nur ein Büro eröffnen oder beziehen, ist ein Pooja angesagt. Das Pooja wird von einem Priester mit allerlei rituellen Handlungen zelebriert: Er entzündet vielleicht ein zeremonielles Feuer oder zerbricht Kokosnüsse. Für uns säkularisierte Westler sei angefügt: Natürlich kommt es nicht auf das Feuer oder die Kokosnüsse an, sondern auf den Spirit, den Geist der religiösen Handlung. Also machen Sie sich bloß nicht über die Nüsse lustig – denn damit beleidigen Sie den Geist, der dahinter steht.

Der Büro-Altar

Es ist eine indische Selbstverständlichkeit, dass jedes Büro auch einen kleinen Hausaltar hat. Darauf stehen und liegen allerlei Gottheiten, Bilder, Blümchen und Räucherstäbchen.

Es reicht allerdings nicht, die Hausaltar-Sitte der Inder zu akzeptieren oder zu tolerieren. Es wird auch von Ihnen erwartet, dass Sie einen Hausaltar im Büro pflegen.

Da wir in unserem Unternehmen in Indien auch Christen beschäftigen, steht daher auf unserem Büro-Altar neben den indischen Gottheiten auch ein kleines Kreuz. In Deutschland wäre diese religiöse Koexistenz ein Grund für ernsthafte kirchenpolitische Verwicklungen.

Inder würden diesen «Separatismus» nie verstehen. Für sie ist es das Selbstverständlichste von der Welt, dass Christus, Lakhshmi,

Buddha, ein Halbmond, eine Sure aus dem Koran oder ein Bild der Kaaba (das islamische Hauptheiligtum) auf einem Hausaltar friedlich nebeneinander stehen. Die Inder sind in diesem Punkt sehr viel multikultureller und toleranter als wir Europäer. Sie können mit Andersartigkeit besser umgehen als wir. Wir können viel von ihnen lernen, wenn wir uns einmal die Mühe machen.

Das Gebet im Büro

Als europäischer Geschäftsmann sollten Sie erwarten, dass Ihre indischen Führungskräfte und Mitarbeiter ihren Büro-Altar auch benutzen. Das heißt: Sie beten auch mal zwischendurch im Büro oder zünden ein Räucherstäbchen an. Sie halten ihren Altar auch immer mit frischen Blümchen geschmückt. Es wird kolportiert, dass ein europäischer Chef einmal in ein Büro eines seiner angestellten indischen Managers gestürmt sei und sich über «den verdammten Gestank» beklagt habe. Ein solcher Affront übersteigt die Skala der Peinlichkeit. In der Sprache der Diplomaten ist das schon ein «internationaler Zwischenfall».

Ein britischer Geschäftsmann kommentierte das Bürogebet mal mit den Worten: «Ein Gebet im Büro? Finde ich auf jeden Fall wertvoller und gesünder, als wild im Internet zu surfen.» So hat jede Kultur ihre Rituale. Die Inder beten im Büro zu den Göttern des Wohlstands und des Glücks, wir Europäer zu den Göttern des Internets. Man beachte die Prioritäten.

Und freitags in den Tempel

Für Inder ist es selbstverständlich, dass sie am Freitag oder am Samstag ein Pooja machen oder in den Tempel gehen. Und fragen Sie ihn danach bloß nicht, was der schwarze oder rote Strich oder Punkt auf der Stirn soll. Das machen Europäer manchmal, und das ist ziemlich dusselig. Wie man einfach wissen muss, wenn man in Indien weilt: Der Strich kommt vom Tempel oder dem Pooja und hat religiöse Gründe.

Selbstverständlich ist auch, dass der indische Moslem am Freitag in die Moschee geht. Ihn dann zu fragen, warum er mitten in der Arbeitszeit seinen Arbeitsplatz verlässt oder seinen Teppich zum Gebet ausbreitet, ist recht respektlos. Man muss als Chef in Indien (und anderswo) einfach wissen, was ein Moslem am Freitag macht. Es ist schließlich sein «Sonntag».

Sprechen Sie Hindi?

40 Millionen Inder sprechen Englisch als Muttersprache. 150 Millionen Inder sprechen Englisch als zweite Sprache. Viele weitere Millionen verstehen zumindest Englisch. Trotzdem ist es wichtig und einfach nur höflich, dass Sie wenigstens ein paar Brocken Hindi verstehen und sprechen. Das zeugt von Respekt und kommt vor allem bei Bürokraten gut an, von denen Sie sicher irgendwann irgendeine Genehmigung wollen. Wer ein wenig Hindi versteht, zerstreut den Argwohn der Inder, ein ignoranter Ausländer oder verdammter Imperialist zu sein.

Hindi ist für Europäer nicht so einfach zu lernen, weil die Sprache nicht «unsere» romanischen Buchstaben benützt, sondern *Devanagam*.

Deshalb ist ein europäischer Hindi-Sprachkurs etwas problematisch. Das Beste ist es, sich in Indien einen Sprachlehrer zu suchen. Davon gibt es überall genug. Damit Sie schon einen kleinen Vorsprung haben, hier die ersten Brocken in Lautschrift: «Guten Tag» wird gesprochen: «Namasté» oder auch «Namaskar».

«Danke» wird «Danjavat» gesprochen. Es wird jedoch sehr selten benutzt. Die meisten Inder sagen und verstehen «Thanks». Übrigens: Zu einem Kellner sagen Sie nie «Thanks», weil das, wofür Sie sich bedanken möchten, nicht des Dankes wert ist, da es ja sein Job ist – so die indische Logik.

«Mutschamaf kaarna» heißt «Tut mir leid», «I'm sorry», «Entschuldigung». Die meisten Inder sagen übrigens «Sorry». Zumindest versteht das jeder.

In Indien sprechen alle Businessleute Englisch. Auch in den größeren Städten wird Englisch geredet. Das heißt: Sie werden in Indien nie Sprachprobleme bekommen – ganz im Gegensatz zum allgegenwärtigen Sprachproblem in China.

In Indien müssen alle Bürokraten auch Hindi sprechen können. Egal, wo auf dem Subkontinent sie arbeiten.

Kopfschütteln heißt «Ja»

Wenn Sie einen Inder den Kopf schütteln sehen, werden Sie sich möglicherweise über zwei Dinge wundern. Das eine ist, wie er den Kopf schüttelt: Er bewegt das Kinn nicht von links nach rechts. Er wackelt eher damit, nur viel schneller, als wir das uns getrauen würden. Wenn Sie es zum ersten Mal sehen, werden Sie es sofort erkennen.

Das andere, worüber Sie sich wundern werden, ist die Bedeutung des Kopfschüttelns. Anders als bei uns sagt der Inder damit nicht Nein. Im Gegenteil. Er bejaht damit. Daran muss man sich erst einmal gewöhnen.

Kleiderordnung

Wenn Sie im Business Hose, Hemd und Krawatte tragen, werden Sie als Businessmann akzeptiert. Wenn Sie jedoch zu Bürokraten und Politikern gehen, sollten Sie auf keinen Fall Ihr Jackett vergessen. Was sollten Sie ebenfalls nicht vergessen? Gut aufgepasst: eine Hand voll Visitenkarten.

Auf Hochzeiten sollten Sie nie Schwarz oder Weiß tragen, vor allem und gerade nicht als Frau. Beides sind Trauerfarben. Bunte Farben sind fröhliche Farben. Wenn ein Mann dagegen ein weißes Hemd trägt, geht das in Ordnung.

Hand aufs Herz

Beobachten Sie mal: Wenn ein Inder einen anderen versehentlich anrempelt oder ihm auf den Fuß steht, wird er sich natürlich entschuldigen und dabei eine Hand aufs Herz legen. Eine schöne Geste der Respekterweisung.

11 Die indische Meeting-Katastrophe

Hatten Sie heute schon ein Meeting? Die meisten Manager zeigen bei dieser Frage deutliche Zeichen von Gereiztheit. In Europa sind Meetings nicht unbedingt Veranstaltungen, die ein Manager gerne besucht. Warum? Antwort geben typische Bürosprüche wie: «Viele gehen rein, wenig kommt raus – was ist das? Ein Meeting!» Meetings gelten oft als ineffizient, zeitraubend, teilweise chaotisch.

Wer schon europäische Meetings für ineffizient hält, der reagiert auf indische Meetings meist mit blankem Entsetzen. Nun ist Entsetzen nicht gerade förderlich für die Geschäftsbeziehungen. Daher der

➲ **Tipp:**
Wenn Sie in Indien Geschäfte machen wollen, sollten Sie vorher unbedingt die indische Meetingkultur kennen lernen.

Viele Meetings und Veranstaltungen der lokalen Handelskammern *(Chambers)*, von Industriekammern *(CII – Confederation of Indian Industries)* oder von Unternehmerverbänden sind zum Beispiel reine Showveranstaltungen. Zu erwarten, dass dabei irgendetwas Brauchbares für Sie herausspringt, ist mit der Erwartung vergleichbar, dass ein Kastanienbaum plötzlich Bananen trägt: höchst unwahrscheinlich. Das führt zu der Frage, warum indische Meetings nerven – und warum Sie trotzdem teilnehmen sollten:

- Oft moderiert nicht der erfahrenste Moderator, der das Meeting effizient und produktiv moderieren kann. Es moderiert der ranghöchste Anwesende, der genau das nicht macht, was er eigentlich machen soll: moderieren.

- Es gibt zwar eine Agenda, aber keiner hält sich daran.
- Es gibt nach dem Meeting keinen Aktionsplan, der einem sagen würde, wer was konkret macht – deshalb wird danach auch wenig bis nichts gemacht.
- Es gibt höchstens Verlaufs-, keine Ergebnisprotokolle – deshalb gibt es wenig bis keine Ergebnisse.
- Alle Beteiligten übertrumpfen sich in blühenden Erzählungen darüber, welche fantastischen Projekte sie gerade stemmen – auch wenn das am aktuellen Tagesordnungspunkt völlig vorbeigeht. Das stört keinen; im Gegenteil. Alle finden das höchst unterhaltsam.

Und das sind nur einige der Eigenarten, die indische Meetings zu einem besonderen Erlebnis machen. Heißt das nun, dass Sie solche Veranstaltungen völlig sausen lassen sollten?

Nein. Auch wenn sie oft inhaltlich arg enttäuschen, nutzen Sie sie als Kontaktpflege!

In dieser Funktion sind sie nämlich sinnvoll, nützlich und geradezu unentbehrlich. Das heißt nun nicht, dass Inder keine effizienten Meetings zustande brächten. Die ausgesprochen erfolgreiche IT-Industrie Indiens liefert täglich den Gegenbeweis. Auf Chamber- oder Verbandsebene ist eben nur die Motivlage eine andere.

Anschluss in Indien

Ich kenne eine Menge europäischer Manager, die in Indien arbeiten und sich beklagen: «Ich habe hier unten einfach keinen Kontakt zu anderen Leuten!» Wenn ich dann frage: «Wohin gehen Sie denn üblicherweise so?», lautet die Antwort oft: «Na, eigentlich nirgendwohin.» Viele Manager kommen nicht aus ihrem «Werksghetto» raus. In Indien ist diese Introversion besonders nachteilig, denn: Inder sind Clubmenschen.

Sie sind häufig und gern Mitglied im Golf-, Rotary-, Bridge-Gandhi-, Lions-Club oder in einem anderen der unzähligen Clubs. In diesen Clubs vollzieht sich ein wichtiger Teil des gesellschaftlichen Lebens und der Netzwerkbildung. Wer da nicht mit dabei ist, zieht auch im Businessleben automatisch den Kürzeren.

➲ **Tipp:**
Treten Sie mindestens einem Club bei und besuchen Sie dessen Veranstaltungen regelmäßig!

Das gilt auch, wenn Sie nicht dauerhaft in Indien arbeiten und wohnen, sondern von Europa aus das Indiengeschäft Ihrer Firma betreuen. Dann sollten Sie sich regelmäßig längere Zeit in Indien aufhalten; zehn Tage sind zum Beispiel eine angemessene Zeit pro Aufenthalt. In dieser Zeit können Sie dann Verbandsmeetings, Business Summits oder Botschaftsveranstaltungen als wichtige Kontaktbörsen nutzen. Was inhaltlich auf diesen Veranstaltungen verhandelt wird, wird Sie nicht unbedingt weiterbringen. Doch die Kontakte, die Sie dort pflegen, sind bares Geld wert.

Meetings im eigenen Unternehmen

Viele Europäer sehen zwar, dass beispielsweise Chamber-Meetings reine Show sind, «aber in unserem eigenen Unternehmen werden wir es wohl schaffen, effektive und effiziente Meetings zu veranstalten». Ein schöner Traum.

In Europa sind Meetings hauptsächlich dazu da, Dinge zu besprechen und Beschlüsse zu fassen. Wer sich in Indien allein auf diese beiden Aspekte konzentriert, kriegt Probleme in der Mitarbeiterführung.

Der indische Mitarbeiter oder die indische Führungskraft möchte auf Meetings keineswegs nur Dinge besprechen und Beschlüsse fassen. Konzentriert sich ein europäischer Manager nur auf diese beiden Punkte, geht der Inder höchst unzufrieden aus dem Meeting und arbeitet nicht gerade motiviert und engagiert an den gefassten Beschlüssen. Denn: Der indische Mitarbeiter möchte auf Meetings motiviert werden.

Er erwartet und verlangt auf einem Meeting nicht so sehr einen effizienten und effektiven Moderator, sondern einen Motivator. Das heißt: Leadership, nicht bloß Management. Damit haben viele europäisch ausgebildete Manager große Probleme, weil in Europa der Schwerpunkt der General-Management-Ausbildung leider immer noch auf dem Fachlichen liegt, nicht auf Leadership-Kompetenz.

Ein europäischer Manager, mit dem ich gelegentlich Kontakt habe, veranstaltet monatlich Meetings für sein gesamtes Personal, bei denen auch die neuen Mitarbeiter vorgestellt werden. Der Manager lässt die Neuen, auf einem Bein stehend, einen Eid aufs Unternehmen schwören und hat über jeden Neuen eine kleine Diashow vorbereitet, um ihn den anderen Mitarbeitern vorzustellen.

Wenn Sie so etwas in Deutschland probieren, kriegen Sie mächtig Ärger mit dem Betriebsrat. Man kann schon förmlich den Gewerkschaftsvertreter poltern hören: «Auf einem Bein? Spinnt ihr da oben jetzt völlig?» Die Inder lieben solche Showeinlagen jedoch. Das kommt an, das motiviert, genau das erwartet die indische Belegschaft von ihrer Führungsmannschaft. Indische Manager verschlingen auch kiloweise US-Managementliteratur: Die ist einfach geschrieben, emotional und showmäßig gestaltet. Die typisch deutsche, sachbezogene, trockene Art der Führung hat in Indien keinen Markt, weil sie schlicht als unmenschlich gilt.

➲ **Tipp:**
Wenn Sie ein Meeting für Ihre Mitarbeiter und Führungskräfte trocken und businesslike anlegen, fallen Sie in Indien durch. Bauen Sie Showeinlagen ein!

Aber Vorsicht: Ist die Einlage nur einstudiert, wirkt sie aufgesetzt, «just for show», unehrlich. Die Inder haben ein feines Gespür für Unechtes und Abwertung. Deshalb: Entdecken Sie den Entertainer, den Showman in sich! Nur wenn die Show von Herzen kommt, kommt sie auch an.

Wie oft meeten?

Mindestens einmal im Monat, besser: Einmal pro Woche sollten Sie sich mit Ihrer ersten Führungsebene treffen, um die aktuellen Fortschritte bei der Zielerreichung zu besprechen.

Warum? Wie schon das Sprichwort sagt: «Ist die Katze aus dem Haus, tanzen die Mäuse auf dem Tisch.» Wenn Sie sich in Europa zwei Monate nicht mit Ihren Abteilungs- oder Teamleitern treffen, läuft einiges aus dem Ruder. In Indien läuft sehr viel mehr, sehr viel stärker aus dem Ruder!

Fragen Sie bei diesen Meetings alle relevanten Zielgrößen ab, also zum Beispiel Produktionsquoten, Energieverbrauch, Service-Standards, Qualitätsparameter, Ausschuss- und Reklamationsquoten …

Wenn Sie die relevanten Zielgrößen nicht in kurzer Kadenz immer wieder kontrollieren, laufen diese heftig aus dem Ruder, weil der Inder jedwede Vorgabe sehr locker nimmt, wenn er nicht ständig kontrolliert wird. Ein gutes Controlling ist in Indien Gold wert. Das ist für viele mittelständische deutsche Unternehmen ein Problem, weil sie oft noch ein Controlling haben, das nicht reif ist für die internationale Bühne.

In Europa scheint der durchschnittliche Mitarbeiter zu denken: «Der Chef hats gesagt, also müssen wir es wohl oder übel machen.» Der Inder dagegen denkt: «Der Chef hat's zwar gesagt, aber wenn er uns nicht auf die Finger schaut, dann wird es wohl nicht so wichtig sein – also lassen wirs erst mal!» Auch einige europäische Mitarbeiter scheinen manchmal so zu denken – in Indien dagegen denkt die Mehrheit der Mitarbeiter so!

Ein Manager, der mit dieser laxen Einstellung schlechte Erfahrungen gemacht hatte, sagte mir einmal: «Inder brauchen einfach eine starke Führung, die ständig intensiv motiviert, aber auch genauso konsequent kontrolliert!» Das ist ein guter

➲ **Tipp:**

Der beste Führungsstil für Indien ist: intensiv motivieren, konsequent kontrollieren!

Ein anderer Manager weist in diesem Zusammenhang darauf hin: «Sich selbst steuernde Teams sind in Indien völlig undenkbar. Das wären reine Debattierclubs!» Indische Teams brauchen eine Führungskraft, die tatsächlich auch führt (und nicht bloß managt oder verwaltet). Eine Führungskraft, die Ziele vereinbart, für diese Ziele motiviert und die Zielerreichung konsequent kontrolliert – aber menschlich muss sie dabei sein! Deshalb ist ein guter Fachmann ohne hohe soziale und emotionale Kompetenz als Führungskraft in Indien verloren. In Deutschland kann man als Führungskraft mit mangelnder sozialer Kompetenz ohne weiteres lange Jahre überleben. In Indien keine sechs Wochen …

Heißt das nun, dass Inder faul und undiszipliniert sind? Nein, im Gegenteil. Alle europäischen Manager, mit denen ich sprach, bestätigten mir, dass «der Inder an sich» ein sehr angenehmer Mitarbeiter ist, der sehr gerne arbeitet und lernt. Er ist ein ausgesprochener Teamarbeiter, wenig konfrontativ und von hoher kommunikativer Kompetenz und daher ideal für den Kundenkontakt. Aber, und auch das bestätigte mir jeder Manager, der in Indien aktiv ist: Der indische Mitarbeiter und Manager will straff und dabei sehr menschlich geführt werden.

Das Verhandlungsmeeting

Business heißt Verhandlungen führen. Verhandlungen mit Geschäftspartnern, Behörden, Lieferanten, Kunden. Im Zeitalter des Jet-Managements haben sich europäische und amerikanische Manager angewöhnt, zu sagen: «Ich fliege Donnerstag runter nach Indien, wir verhandeln dann Freitag über … und am Samstag geht meine Maschine zurück.» Bevor die Verhandlungen überhaupt begonnen haben, hat man sie mit dieser Einstellung bereits verloren. Denn was am Freitag nicht stattfindet, ist das geplante Meeting.

Sie können nicht mal rasch für ein Meeting einfliegen. Das funktioniert nie!

Das Meeting findet am Freitag nämlich nicht statt. Es wird «überraschend» verschoben. Und das nicht nur einmal, sondern eher zweimal. Sie brauchen immer mehrere. Und jede Menge Zeit. Warum? Erst einmal,

- weil kein indisches Meeting pünktlich beginnt (warum das so ist, haben wir schon erörtert). Ist es zum Beispiel auf 14 Uhr angesetzt, beginnt es frühestens 14.30 Uhr – oder wird nach einer Stunde erfolglosen Wartens auf einen wichtigen Beteiligten unverrichteter Dinge vertagt.
- um Ihrem Verhandlungspartner zu zeigen, wie wichtig er Ihnen ist. Wenn Sie ihn bloß «benutzen», um einen Abschluss zu tätigen, ist er beleidigt – und Sie machen den Abschluss nie!
- um mehrere Meetings anzusetzen: Eines allein reicht nicht.
- damit Sie sich zwischen den angesetzten Meetings unter vier Augen mit dem Verhandlungspartner treffen können, um

Dinge zurechtzurücken, zu korrigieren und die Beziehung zu pflegen.

- um die berühmten Gegenchecks zu machen.

➲ **Tipp:**

Denken Sie auch daran, alle Verabredungen und jeden Meetingtermin einen Tag vorher zu bestätigen. Für Inder können sich die Prioritäten sehr kurzfristig ändern.

Wer in Indien ohne Gegencheck arbeitet, betreibt Business-Selbstmord. Zentrale Frage dieser Gegenchecks ist immer: Stimmt das denn, was mir mein Verhandlungspartner im Meeting erzählt hat … Sie gehen ganz selbstverständlich davon aus, dass stimmt, was Ihnen ein Partner am Verhandlungstisch erzählt? Nicht in Indien! Wenn Sie in einem indischen Meeting sitzen, können Sie davon ausgehen, dass die Aussagen Ihres Verhandlungspartners bezüglich Terminzusagen, Entscheidungsbefugnissen, rechtlicher Konsequenzen oder Zuständigkeiten von Ministerien ganz oder teilweise nicht stimmen. Nicht weil der Inder Sie über den Tisch ziehen will und Ihnen deshalb die Hucke voll lügt. Sondern weil er ganz einfach nur gut dastehen, Ihnen keine Hindernisse in den Weg legen möchte – und es im Übrigen oft tatsächlich nicht besser weiß.

➲ **Tipp:**

Sie können in Verhandlungen unmöglich eine mündliche Zusage für bare Münze nehmen!

Benutzen Sie also die Zeit zwischen den Meetings, um die Aussagen Ihres Verhandlungspartners anhand Ihrer Kontakte und anderer Quellen zu überprüfen: Was stimmt davon, was nicht?

Ansonsten haben mündliche Zusagen in Meetings nur dann

Rechtsverbindlichkeit, wenn sie im Protokoll festgehalten werden; in den so genannten *Minutes of the Meeting* oder *Notulen.*

Die meisten Europäer, die schon länger Geschäfte in Indien machen, leiden inzwischen unter einer Art Paranoia. Eben weil sie wissen, dass man mündlichen Zusagen nicht vertrauen kann, fragen sie sich in und nach Meetings ständig: «Was davon war nun wahr?» Als wir einmal mit gut befreundeten indischen Geschäftsfreunden nach so einem Meeting noch essen waren und unserer Paranoia Ausdruck gaben, war das Gelächter groß. Die Inder meinten lachend: «Aber so geht es uns doch auch! Auch wir fragen uns die ganze Zeit, was davon stimmt und was nicht!» Merke: Auch der Inder misstraut dem Inder gehörig. Tatsächlich trauen viele Inder einem Weißen eher als einem Landsmann.

The Indian Art of the Deal

Da mündliche Zusagen in Indien wenig zählen, sollten Sie am Ende eines Meetingzyklus immer auf einer schriftlichen Vereinbarung bestehen.

➲ Tipp:
Wenn Sie eine schriftliche Vereinbarung wollen, sollten Sie diese noch am selben Tag unterschreiben lassen.

Wenn Sie den Verhandlungspartner nämlich abreisen lassen, kriegen Sie seine Unterschrift erst nach Wochen – wenn überhaupt. Daher hat sich der Spruch eingebürgert: «Meine Sekretärin tippt gleich mal das Protokoll – gehen wir so lange essen!» Hier hat das Wort «Geschäftsessen» noch seine ursprüngliche Bedeutung: Ohne dieses Essen gibts kein Geschäft. Kommen Sie vom Essen zurück, ist das Protokoll unterschriftsreif. Das spart jede Menge Zeit!

➲ **Tipp:**
Merken Sie sich diesen Satz: «Kann ich das schriftlich haben?»

Dieser Satz ist von unschätzbarem Wert. Gebrauchen Sie ihn häufig.

Ihr indischer Partner sagt im Meeting zum Beispiel: «Was unser Projekt anlangt: Alle Beteiligten haben zugestimmt, die Termine sind zugesichert, alles läuft super!» Was sagen Sie darauf? Richtig, den erwähnten Satz.

Es ist ein magischer Satz, ein Zauberspruch. Sobald Sie ihn aussprechen, lässt der Partner plötzlich die Katze aus dem Sack und berichtet von den Problemen, die er bislang verschwiegen hat.

Weitere absolut unerlässliche Meetingfragen sind: «Welches Ministerium muss noch zustimmen? Wer ist überhaupt zuständig? Und wie sieht der Zeitplan aus?» Auf diese Fragen stellt sich nämlich in der Regel heraus, dass a) weder das zuständige Ministerium zugestimmt hat noch b) klar ist, welche Ministerien überhaupt zuständig sind. Merke: Verlassen Sie sich nie darauf, wenn ein Inder sagt: «Alles in Ordnung!»

Wenn also ein Inder «no problem!» sagt, fangen die Probleme meist erst an. Nicht weil er dreist und verlogen wäre, sondern weil er ganz im Gegenteil so wenig konfrontativ denkt und handelt. Er möchte Sie einfach nicht mit Problemen konfrontieren – es sei denn, Sie fragen danach. Tun Sie es!

➲ **Tipp:**
Sitzen Sie in Indien in einem Meeting, dann tun Sie bitte drei Dinge: nachfragen, nachfragen, nachfragen.

Die unangenehmen Dinge eines Projektes sprechen Inder nämlich nicht aus. Bevor ein Inder etwas Unangenehmes sagt, sagt er lieber gar nichts. Ein Inder würde nie von sich aus sagen: «Dieser

Punkt könnte kritisch werden.» Deshalb ist es so wichtig, dass Sie nachfragen – und sich alles schriftlich geben lassen.

Die Inder selbst halten sich auch an diesen Rat. Es ist kaum zu glauben, wie viele schriftliche Anweisungen in jedem normalen indischen Unternehmen kursieren. «Indien ist ein echter Papierladen!», wie es ein Schweizer Manager einmal ausdrückte. Und Behörden sind eine ganze Papierfabrik.

Die indische Absage

Beim Schach gibt es eine indische Eröffnung und im Business eine indische Absage. Wenn Sie in Europa mit einem Geschäftspartner verhandeln und Sie nicht zusammenkommen, sagt der Partner irgendwann: «Wir kommen nicht zusammen, das haut nicht hin!» Schade, aber wenigstens wissen Sie dann, dass nichts läuft.

Wenn in Indien ein Deal oder ein Projekt nicht zustande kommt, kriegen Sie keine Absage! Da Inder so wenig konfrontativ sind, trauen sie sich einfach nicht, Nein zu sagen. Ein Inder würde nie sagen: «Der Deal ist geplatzt, ich habe das Geld nicht!» Oder: «Der zuständige Regierungsbeamte hat das Projekt abgeschmettert!» Inder machen keine Absagen. Sie schweigen lieber. Das heißt: Wenn Sie nach der dritten Nachfrage immer noch nichts von Ihrem Verhandlungspartner gehört haben, können Sie davon ausgehen, dass der Deal gestorben ist.

Wenn Sie nichts Schriftliches von Ihrem Partner haben, läuft der Deal sowieso nicht. Dazu sagte mir in der Beratung ein Manager mal: «Aber ich habe doch erst gestern mit dem indischen Partner gesprochen, und er sagte, es sei alles in Ordnung!» Tut mir leid, aber das zählt nicht. Der indische Partner sagte, «alles okay», während der Deal rein objektiv schon lange geplatzt war.

«No problem!» – diesen Satz hören Sie in Indien täglich dutzendmal, von allen möglichen Leuten. Von der Putzfrau über den

Taxifahrer bis hin zum Minister. Weil erfahrene Europäer wissen, dass man auf diese Beteuerung nichts geben darf, nimmt man ihn nach einer Weile nicht mehr wahr, geschweige denn ernst.

Wenn Sie alles, was Sie bislang über indische Meetings gelesen haben, zusammennehmen, dann werden Sie unschwer zu der Erkenntnis gelangen:

➲ **Tipp:**

Alles in allem sind fünf anberaumte Tage für ein Meeting viel zu wenig. Sie brauchen mindestens zehn, wenn nicht vierzehn Tage – allein schon um alle nötigen Gegenchecks vornehmen zu können.

Nehmen Sie den Junior an die Zügel!

Es ist in Europa und Amerika üblich, dass die graue Eminenz, der Topmanager, zu Verhandlungen nicht solo anreist, sondern diverse Fachleute, Ingenieure, Experten, Assistenten mitbringt, die gegebenenfalls technische oder prozedurale Spezialfragen referieren.

Leider tendieren viele Westler dazu, im Ausland den «Besserwessi» herauszukehren. Das kommt in keinem Land der Welt gut an. In Indien jedoch führt es geradezu zum Affront.

Vor allem Beamte nehmen es schnell und heftig krumm, wenn sie von einem Juniorpartner vorgeführt werden. Sie legen selbst reines Expertentum bereits als mangelnden Respekt gegenüber ihrer Person aus. Stellen Sie den Junior klar als Subalternen vor: «Das ist Herr Müller. Er wird etwas zu der Spezialfrage der… sagen, weil er der zuständige Spezialist dafür ist.»

Viele Manager möchten sich entlasten und delegieren die weiteren Verhandlungen an einen untergeordneten Manager, sobald der indische Verhandlungspartner «angewärmt» ist. Das fassen indische Beamte bereits als Affront auf und quittieren mit Gesprächsabbruch oder mit autoritärem Verhalten. Diese Kombination aus Arroganz und Minderwertigkeitsgefühl ist übrigens typisch indisch.

➲ **Tipp:**
Detailfragen und Kleinigkeiten kann auch mal ein Junior verhandeln. Für die wichtigen Punkte jedoch sollte der Topmanager anreisen.

Zeigen Sie Präsenz!

Dass alles Wichtige der Oberboss verhandeln muss, heißt auch: Bei längeren Projekten muss sich der Topmanager regelmäßig zeigen!

Er trifft sich dann in Meetings und Geschäftsessen mit den involvierten indischen Partnern und Regierungsbeamten, damit diese merken: «Wir sind wichtig! Das Projekt ist ihm wichtig!»

Delegieren Sie deshalb diese Präsenzmeetings bloß nicht an den ausführenden Mitarbeiter. Der ist den Indern nicht wichtig genug.

Genau diesen Fehler begehen derzeit viele Europäer, weil sie denken: «Diesen rückständigen Inder kann auch mein Fachexperte pflegen!» Ein grandioser Irrtum. Die indischen Regierungsbeamten, insbesondere die IAS-Officers *(Indian Administration Services)*, sind vergleichbar mit den französischen ENA-Absolventen: exzellent und nach westlichen Standards ausgebildet und hochintelligent. Solche Elitebeamten geben sich nicht mit einem zweitrangigen Manager oder einem ausführenden Mitarbeiter zufrieden.

Ein europäischer Schmuckproduzent fliegt zum Beispiel jeden Monat für eine ganze Woche höchstpersönlich zu seinem indischen Produktionspartner, um das gemeinsame Unternehmen aufzubauen. Diesen Besuch würde er niemals delegieren. Ein deutscher Ventilhersteller, der in Deutschland 110 und in Indien 200 Mitarbeiter beschäftigt, kommt alle drei Monate für ganze drei Wochen nach Indien. Auch diese Besuche würde er niemals delegieren. Wenn Europäer in Indien Probleme bekommen, dann liegt es auch oft daran, dass der «Oberboss» sich zu selten vor Ort sehen lässt.

➲ **Tipp:**
In Indien ist regelmäßige extensive Präsenz des Topmanagements, bei Großunternehmen der Bereichsleitung ehernes Führungsgebot.

Pensionär gefällig?

Sie werden es relativ häufig erleben, dass Sie als Geschäftsmann/frau in Indien von pensionierten Beamten angesprochen werden, die sich mit dem Argument andienen: «Ich habe exzellente Kontakte!» Prima, denkt man sich, ein einheimischer Experte! Der regelt jetzt die ganze Chose für mich! Ein verbreiteter Irrtum.

Was die Beamten sagen, stimmt zwar: Sie verfügen oft wirklich über hochkarätige Kontakte und kennen sich vor allem im Behördendschungel glänzend aus. Doch wenn Sie sie tatsächlich mit an den Meetingtisch nehmen, kann es sein, dass Sie damit Animositäten beim indischen Beamten wecken, mit dem Sie gerade verhandeln. Er denkt sich vielleicht: «Was will er denn mit diesem alten Knochen? Will der mir jetzt etwa sagen, wie ich meine Arbeit zu tun habe?» Außerdem: Woher wollen Sie wissen, ob der Pensionär nicht im Unguten von seiner ehemaligen Dienststelle geschieden ist? Daher: Nutzen Sie das Know-how der Pensionäre, aber halten Sie sie in der Hinterhand.

Setzen Sie pensionierte Beamte nur zur Vorbereitung Ihrer Deals und Projekte ein, nie bei den eigentlichen Meetings und Verhandlungen.

Europäische Geschäftsleute werden in ihren Heimatländern derzeit oft von Indern angesprochen: «Ich habe hervorragende Kontakte in Indien!» Davor sei gewarnt! Wenn Sie genauer hinschauen, werden Sie oft herausfinden, dass das Inder sind, die seit zwanzig Jahren zum Beispiel in Deutschland leben. In Wahrheit kennen sie nach so langer Zeit der Absenz ihr eigenes Heimatland nicht mehr und haben nur noch Kontakt zu ihrer Familie. Ihre anderen Kontakte sind zweitrangig oder einfach schlecht. Weil sich solche Möchtegernberater gehäuft auf einschlägigen Messen tummeln, sind bereits etliche Firmen mit Indien-Ambitionen darauf hereingefallen. Ihre Vertrauensseligkeit haben sie dann teuer bezahlen müssen …

Familienbande

In Europa sind viele Unternehmen managergeführt, in Indien sind die meisten Firmen, selbst Großbetriebe, inhabergeführt. Hinzu kommt, dass im Hintergrund meist noch die Inhaberfamilie steht, die wie bei allen Familienunternehmen Eigeninteressen verfolgt. Daraus folgt: Der Turbokapitalismus der Marke «Ich flieg mal schnell runter und such mir einen Business-Kontakt» funktioniert in Indien nicht.

Damit Sie bei diesem Schnellschussverfahren nicht auf die Nase fallen, sollten Sie Ihren einheimischen Kontakt erst einmal wirklich gut kennen lernen. Denn er denkt nicht in erster Linie wie ein Manager, sondern wie ein Inhaber. Er ist im Gutenberg'schen Sinne (der BWL-Urvater, nicht der Buchdrucker) kein kurzfristiger Gewinnmaximierer, sondern eher ein langfristiger Existenzsicherer. Also müssen Sie zuerst herausfinden: Wie tickt er überhaupt? Was sind seine Motive, Interessen, kurz- und langfristigen Ziele? Wie ist er persönlich? Welcher Kaste gehört er an (siehe Kapitel 3, Seite 47 ff.)? Und vor allem: Kann ich ihm vertrauen?

Dann sollten Sie in Erfahrung bringen, welche Interessen und Ziele seine Familie im Hintergrund verfolgt. Welche weiteren Familienmitglieder ins Geschäft hineinreden, welche Fraktionen und

Kabalen es gibt. Das finden Sie nur heraus, indem Sie sich Zeit lassen, viel und oft mit dem Inhaber und anderen Familienmitgliedern reden. Klingt nach Aufwand? Ja, aber alle erfolgreichen Investoren betreiben diesen Aufwand – daher ihr Erfolg.

Vorsicht, Meetingfalle: Zuständigkeiten

Es wird Ihnen in Meetings oft passieren, dass einer Ihrer indischen Partner bemerkt: «Da muss noch das Ministerium X zustimmen.» Wenn Sie sich von dieser vollmundigen Aussage nicht in falscher Sicherheit wiegen lassen und stattdessen den erwähnten Gegencheck vornehmen, werden Sie oft genug feststellen, dass nicht nur das Ministerium X, sondern das Ministerium Y zuständig ist und/oder dass noch drei weitere Behörden zustimmungspflichtig sind!

Der Haken ist nun leider: Wenn Sie diesen Zuständigkeitsirrtum zu spät bemerken, können Sie ihn nicht mehr korrigieren! Die bislang übersehenen Behörden sind dann derart sauer auf Sie, weil sie erst «so spät» mit einbezogen werden, dass sie Sie auflaufen lassen und Ihr schönes Projekt ausbremsen oder aushebeln.

➲ Tipp:

Klären Sie die behördlichen Zuständigkeiten so früh wie möglich und mit obligatorischem Gegencheck.

«Dafür hab ich meinen Inder!»

Ihnen schwirrt ein wenig der Kopf? Sie hätten nicht gedacht, dass Sie bei indischen Meetings so viel bedenken müssen? So geht es den meisten Europäern. Deshalb sind etliche bereits schlau geworden: «Wozu soll ich mir den Kopf zerbrechen? Diese Dinge delegiere ich einfach an meinen indischen Partner/Berater!» Die Lösung ist fraglos bequem. Zu jedem Problem gibt es eine Lösung, die einfach, bequem und *falsch* ist.

Wenn Sie die ganzen indischen Besonderheiten einem indischen Berater oder Partner überlassen, verlieren Sie schnell den Überblick und die Kontrolle und machen sich abhängig von Ihrem Partner, der ein Heiliger sein müsste, würde er Ihre Bequemlichkeit nicht irgendwann ausnutzen.

Also behalten Sie lieber selbst den Überblick und die Kontrolle. Das macht zwar etwas Arbeit – doch nur so können Sie Ihre Interessen wahren. Denken Sie doch einmal daran, wie schlecht Sie dastehen, sollte Ihr indischer Partner einmal ausfallen! Dann stehen Sie gänzlich ohne Kontakte da.

➲ **Tipp:**

Suchen Sie stets selbst persönlichen Kontakt zu allen indischen Geschäftsleuten, Vermittlern und Beamten, die Sie für Ihr Geschäft brauchen.

Auch dann, wenn Ihr indischer Partner sagt: «Es ist nicht nötig, dass Sie den oder den kennen lernen!» Das mag zwar ganz am Anfang eines Projektes stimmen, doch schon nach kurzer Zeit sollten Sie darauf bestehen, mitgenommen und vorgestellt zu werden.

12 Das Delegationsdesaster

Stellen Sie sich vor, Sie geben eine Anweisung – und nichts passiert!

Westler haben mit indischen Mitarbeitern oft ein echtes Führungsproblem. Sie delegieren eine Aufgabe – und erleben nicht selten ein Delegationsdesaster. Der indische Mitarbeiter

- führt die Aufgabe stillschweigend einfach nicht aus;
- führt die Anweisung wie ein Roboter buchstabengetreu aus – obwohl er sie eigentlich an die konkreten Gegebenheiten anpassen müsste;
- lässt seinen europäischen Vorgesetzten auflaufen, indem er tagelang an der Aufgabe herumbastelt, ohne Rückmeldung zu geben: «Chef, das haut nicht hin, das müssen wir anders anpacken!»;
- erklärt nach mehrmaliger erfolgloser Aufforderung, endlich seine Arbeit zu machen: «Das dürfen Sie mir doch gar nicht anweisen!»

Hassen indische Mitarbeiter westliche Vorgesetzte? Sabotieren sie sie deshalb? Keineswegs. Beim näheren Hinsehen entpuppt sich die «eklatante Insubordination» (wie ein deutscher Manager das einmal nannte) oder die «Arbeitsverweigerung» (wie ein Schweizer es ausdrückte) als schlichtes Missverständnis.

So wie Sie in Ihrem Heimatland führen, können Sie unmöglich in Indien führen. Die indische Führungskultur ist eine ganz andere.

Das hört sich trivial an. In der Führungspraxis wird diese Trivialität jedoch oft übersehen. Wenn Sie 20 Jahre lang erfolgreich in Europa geführt haben, dann nehmen Sie Ihren Führungsstil unbewusst und unreflektiert nach Indien mit. Der eigene Führungsstil ist wie die Haarfarbe: Man hat sich so daran gewöhnt, dass man keinen Gedanken mehr daran verschwendet. Genau diese Verschwendung sollten Sie vor einem Indien-Tripp jedoch betreiben. Betreiben wir sie im Folgenden gemeinsam.

Der gute Führungsstil ist schlecht

Angenommen, Sie hätten einen Produktionsbetrieb in UP, Bihar, Tamil Nadu oder Kerala. Weiter angenommen, Sie würden einen kooperativen Führungsstil praktizieren. Das wäre ideal? Für Europa schon. In den aufgezählten Bundesstaaten jedoch nicht. Im Gegenteil. Ihr Führungsstil würde das blanke Chaos verursachen.

Das würden Sie daran merken, dass Ihre indischen Mitarbeiterinnen und Mitarbeiter machen würden, was sie wollten. Warum? Weil die Inder alle verkappte Revoluzzer sind? Nein, weil in den besagten Bundesstaaten viele Menschen mit geringer Bildung leben, die von einem Chef schlicht erwarten, dass er ihnen klipp und klar sagt, wos langgeht. Tut er das nicht, erscheint es ihnen völlig logisch, dass sie machen dürfen, was ihnen in den Strumpf passt. Eigeninitiatives Handeln von Mitarbeitern werden Sie in diesen Regionen kaum beobachten können. Wenn Sie dort ein Brainstorming veranstalten würden, würden alle brav im Kreis sitzen – und keiner würde ein Wort sagen.

Denn so etwas erwarten die indischen Mitarbeiter nicht. Sie erwarten nicht, dass sie selber bestimmen sollen, was getan werden muss. Sie denken eher: «Boss, sag mir, was ich tun soll!» Beobachten Sie einmal indische Vorgesetzte bei der Arbeit: Die führen genau nach dieser Erwartung und sagen ihren Mitarbeitern meist recht autoritär, wos langgeht.

Führungsstil in staatlichen Unternehmen

Auch in indischen Staatsunternehmen wird sehr hierarchisch und autoritär geführt. Die Maxime in der Belegschaft lautet dort: «Verhalte dich unauffällig, damit du nicht nach Bihar (das heißt für indische Verhältnisse: ans Ende der Welt) strafversetzt wirst!»

Als Westler werden Sie mit den Folgen dieses Führungsstils immer dann konfrontiert, wenn Sie mit einem Staatsbetrieb Geschäfte machen wollen oder müssen: Sie werden unter den Mitarbeitern nicht unbedingt die Unterstützung und das Engagement finden, das Ihre Sache benötigt. Sie werden eher auf jede Menge Desinteresse und Lethargie treffen: die Folgen des autoritären Führungsstils.

In staatlichen Unternehmen begraben sich die Führungskräfte und ihre Mitarbeiter auch gegenseitig unter einer nie versiegenden Flut von Papieren, schriftlichen Anweisungen, Memos und Berichten. Und natürlich immer alles in mehrfacher Ausführung. Außerdem herrscht dort eine Kontrollstruktur: Auf jeden Mitarbeiter, der echte Arbeit leistet, kommt ein zweiter, der den ersten kontrolliert, und noch ein dritter, der den zweiten kontrolliert, der den ersten kontrolliert.

➲ Tipp:

Wenn Sie mit einem staatlichen Unternehmen Geschäfte machen, ist es erfolgsentscheidend, dass Sie möglichst früh herausfinden: Wer hat hier das Sagen?

Wer ist zuständig, entscheidungsbefugt? Wer hat die Macht? Was hat das mit dem autoritären Führungsstil in Staatsunternehmen zu tun? Alles.

Nehmen wir an, Sie verhandeln mit einem Staatsunternehmen; genauer: mit dessen General Manager. Ihre Verhandlungen kommen nicht so recht voran. Sie mühen sich ab, Sie kommen dem Verhandlungspartner entgegen, Sie wundern sich ständig, warum es nicht weitergeht. Wundern Sie sich nicht, stellen Sie die Frage nach dem vorherrschenden Führungsstil. Da in Staatsunternehmen autoritär geführt wird, führt auch der vorgesetzte Chairman des General Manager wahrscheinlich ziemlich autoritär. Er delegiert kaum etwas, lässt den Manager keine wichtigen eigenen Entscheidungen treffen, redet ihm überall rein.

Möglicherweise ist das der Grund, warum Ihr Verhandlungspartner «mauert». Er mauert nicht. Er ist schlicht vom autoritären Führungsstil seines Chairman so zermürbt, dass er alles nur noch aussitzt und klammheimlich bloß auf seine Versetzung wartet. Er verhandelt zwar mit Ihnen, doch er ist nicht im Mindesten daran interessiert, dass bei diesen Verhandlungen irgendetwas herauskommt. Schlussfolgerung: Sie verhandeln mit dem falschen Partner. Verhandeln Sie mit dem Chairman.

➲ Tipp:

Wenn Sie mit Staatsunternehmen verhandeln, sollten Sie alles daran setzen, die faktische Hierarchie und die heimlichen Machtverhältnisse kennenzulernen, um mit dem richtigen Partner verhandeln zu können.

Indische Unternehmen sind sehr zentralistisch geführt. Die Macht liegt in der Hand von einigen wenigen. Das andere Extrem auf der Skala der Führungsstile finden Sie in der indischen IT-Industrie.

Führungsstil in der IT-Industrie

Ein radikal anderer Führungsstil wird in der IT-Industrie gepflegt. Bei den IT-Firmen in Mumbai, Pune, Delhi oder Bangalore sind viele exzellent ausgebildete Inder beschäftigt. Darunter auch etliche Brahmanen mit einem stark ausgeprägten Selbstbewusstsein. Mit dem autoritären Führungsstil würden Sie hier auf Granit beißen und Widerstandsverhalten ohne Ende provozieren. Denn hier legen die Mitarbeiter Wert auf Eigeninitiative. Ein Brainstorming funktioniert hier zum Beispiel ohne weiteres.

➲ Tipp:

Den indischen Führungsstil gibt es nicht. Dazu sind die Inder zu verschieden.

Aber das gilt eigentlich für jedes Land der Welt. Es gibt so viele Führungsstile, wie es Mitarbeiter gibt. Denn der optimale Führungsstil orientiert sich immer an den individuellen Eigenarten und Bedürfnissen des einzelnen Mitarbeiters. Es würde einen Quantensprung bei Produktivität, Motivation und Arbeitszufriedenheit auslösen, wenn die Führungskräfte der Welt dieses simple Prinzip endlich mehrheitlich erkennen und umsetzen würden …

Auch deshalb reicht das Spektrum der praktizierten Führungsstile in Indien vom total hierarchischen und autoritären Führungsstil bis hin zum kooperativen Teamführungsstil. Man kann davon ausgehen, dass ein indischer Mitarbeiter sehr viel Respekt vor seiner Führungskraft hat und sich meist devot verhält.

Warum Westler in Indien scheitern

In westlichen Medien wird meist nur über die hohen Kostenvorteile von *Outsourcing*, *Offshoring* oder *Low Cost Country Sourcing* gesprochen und geschrieben. Dass viele westliche Führungskräfte ihre liebe Not mit indischen Mitarbeitern haben, ja, oft genug an ihrer Führungsaufgabe scheitern, wird mangels ausreichenden Einblicks in die indischen Abenteuer der Manager meist unterschlagen. Dabei sind die Gründe für das Scheitern von Managern alles andere als ein Geheimnis.

Am häufigsten scheitern Manager mit mangelnder Führungserfahrung in Indien. Warum werden sie dann überhaupt nach Indien geschickt? Weil viele Unternehmen nicht anhand von Führungs-, sondern anhand von Fachkompetenz entsenden. Sie schicken für ein Projekt zum Beispiel ihren besten Projektexperten oder für den Aufbau ihres indischen Werkes ihren besten Ingenieur, weil dieser sich in der Materie am besten auskennt. Logisch? Nein, nicht in Indien. Denn das Vorhaben wird mit an Sicherheit grenzender Wahrscheinlichkeit nicht an technischen, sondern an führungstechnischen Problemen scheitern oder in Schwierigkeiten geraten. Wie der alte Spruch sagt: Faktor Mensch schlägt Faktor Technik. Dieser Spruch könnte aus Indien stammen.

Es ist also sehr riskant, einen reinen Fachexperten nach Indien zu schicken. Wer in Indien Erfolg haben möchte, braucht neben seiner Fachkompetenz auch Führungskompetenz und vor allem langjährige praktische Führungserfahrung.

Eine furchtbare Plage in jedem interkulturellen Verkehr ist der europäische Besserwisser. Der «Besserwessi» kommt in Indien extrem schlecht an. Leider haben viele westliche Geschäftsleute, Manager, Führungskräfte, aber auch Projektleiter und Monteure die Tendenz, gegenüber Indern belehrendes Verhalten, eine Art Oberlehrer-Attitüde an den Tag zu legen. Auch bei westlichen Mitarbeitern ist dieses Verhalten nicht gerade populär. Doch in Indien wird es geradezu als Affront betrachtet. Denn die Inder sind stolz und selbstbewusst. Sie fühlen sich persönlich beleidigt und reagieren mit tausend Ausreden, wenn ein Westler ihnen auch nur mit dem Hauch eines herablassenden Untertons erklärt, wie die Dinge funktionieren – selbst und gerade dann, wenn er rein objektiv Recht hat. Weil der Inder darauf mit tausend fantasievollen Ausreden reagiert, hält ihn der Westler für «unbelehrbar» – anstatt zu erkennen, dass er ihn mit seiner gut gemeinten, wenn auch gedankenlosen Besserwisserei schlimm beleidigt hat.

Überhaupt fallen Führungskräfte, die Mitarbeitern und Kollegen häufig kritische, abwertende Rückmeldung geben, in Indien meist durch. Einen Anraunzer vom Chef steckt ein westlicher Mitarbeiter zwar zähneknirschend weg, doch er steckt ihn weg. In Indien verliert der Mitarbeiter jedoch bei solcher Kritik sein Gesicht – und das kann er nicht wegstecken. Außerdem verliert der kritisierende Vorgesetzte dadurch den Respekt seines indischen Mitarbeiters – und auch das kann dieser nicht wegstecken. Unüberlegte Kritik ist in Indien ein Führungsspiel, bei dem alle verlieren.

Westliche Manager, die geringen Respekt oder eine negative Haltung gegenüber einheimischen Autoritäten und Positionsinhabern demonstrieren, schaufeln sich damit quasi ihr eigenes Grab. Leider fallen Westler auf diese Versuchung recht oft herein: «Diese indischen Bürokraten! Ich glaube, ich muss denen mal zeigen, wie man das bei uns regeln würde!» Eine unbedachte Äußerung dieser Art reicht meist schon, um den Manager in den Augen der Inder auf Dauer zu diskreditieren.

➲ **Tipp:**

Kein Einheimischer mag es, wenn Ausländer sich respektlos gegenüber Land und Leuten verhalten. Doch die Inder nehmen das doppelt und dreifach krumm.

Ist es Ihnen aufgefallen? Alle vier Gründe des Scheiterns von Managern betreffen so genannte *Soft Facts* oder *Soft Skills*.

➲ Tipp:
Soft Skills sind in Indien noch sehr viel wichtiger als in Europa: emotionale Intelligenz schlägt Intelligenz.

Und das nicht nur in Indien. Studien und die eigene Erfahrung zeigen immer wieder, dass emotional intelligente Führungskräfte um Längen erfolgreicher sind als lediglich fachkompetente Manager. Vielen westlichen Managern schlägt dieser Erfolgsfaktor etwas auf den Magen. Jahrelang haben sie die *Soft Skills* mehr oder weniger ignoriert. Und jetzt benötigen sie sie, um in Indien Erfolg haben zu können. Ironie des Schicksals …

Die Expat-Falle

Es gibt nicht nur persönliche Gründe, warum westliche Manager in Indien scheitern. Es gibt auch systembedingte Gründe. Das übliche Vorgehen, so genannte Expats für drei Jahre ins Ausland zu entsenden, funktioniert in Indien kaum.

Expat ist das amerikanische Kürzel für einen *Expatriate*, also einen Mitarbeiter, der für sein Unternehmen einige Zeit im Ausland arbeitet. Danach kehrt er wieder zum Mutterunternehmen ins Heimatland zurück. Die Standard-Entsendungszeit beträgt häufig drei Jahre – und das ist für indische Verhältnisse viel zu kurz. In drei Jahren kann kein Geschäftsmann die für eine nachhaltige Markterschließung nötigen Kontakte und Netzwerke knüpfen, sich in die indische Mentalität eindenken und die Abläufe so organisieren, dass sie westlichen Qualitätsstandards entsprechen. Die indische Seele ist einfach nicht so schnell.

Wir sollten uns deshalb daran gewöhnen, in Indien Karriere zu machen. Das heißt, so lange zu bleiben, bis der indische Markt für das eigene Unternehmen tatsächlich erschlossen ist – und in dieser etwas längeren Zeit dann eben in Indien die Karriereleiter hochzuklettern. Natürlich müssen die Unternehmen im Heimatland dazu erst die Karrierewege entsprechend einrichten und das Expat-System abändern.

Checkliste: in Indien erfolgreich

Westliche Geschäftsleute und Manager, die in Indien nachweisbaren Erfolg haben, verfügen meist über sämtliche der folgenden Kompetenzen und Fähigkeiten. Je mehr Sie davon haben und ankreuzen können, desto höher sind Ihre Erfolgsaussichten. Auf der anderen Seite kann Ihnen die folgende Checkliste Hinweise auf eigene Trainings-, Coaching- und Entwicklungsbedarfe geben. Wer Erfolg in Indien hat, zeichnet sich aus durch:

- langjährige Führungserfahrung (dafür gibt es leider keinen Ersatz)
- respektvolles Verhalten gegenüber den Menschen (Respekt zu zeigen, müssen viele westliche Geschäftsleute erst lernen)
- hohe Kooperationsfähigkeit und Kollegialität (eine herbe Umgewöhnung vom üblichen Ober-sticht-Unter-Habitus in westlichen Unternehmen)
- starke Empathie (die Fähigkeit, sich in andere Menschen hineinfühlen zu können, so fremd deren Sichtweisen auch erscheinen mögen)
- Selbstbewusstsein und selbstsicheres Auftreten (die Inder sind ein stolzes Volk – viele westliche Businessleute treten leider nicht immer so selbstbewusst auf, wie es in Indien nötig wäre)
- gute Problemlösekompetenz (Sie werden auf genügend Probleme in Indien treffen)
- hohe Belastbarkeit und Frustrationstoleranz (viele westliche Geschäftsleute sind viel zu ungeduldig und zu schnell entmutigt)
- große Kontaktstärke und hohes Verhandlungsgeschick (keine

trivialen Fähigkeiten: viele westliche Geschäftsleute verhalten sich zu introvertiert)
- gute Kontakte im europäischen Mutterhaus (sonst steht man in Indien öfter allein auf weiter Flur da)
- Motivationsstärke und Begeisterungsfähigkeit (hier hapert es oft am meisten)
- Nachhaltigkeit: niemals aufgeben, immer dranbleiben; nicht nur bei den eigenen Mitarbeitern
- großes Verständnis für die indischen Mitarbeiter, so fremdartig ihre Sitten und ihr Verhalten auch manchmal anmuten mögen

Wer führen kann, hat mehr von Indien

Auch an dieser Checkliste dürfte Ihnen aufgefallen sein, dass die aufgeführten Skills alles Führungsfähigkeiten sind. Sie können daran erkennen, wie entscheidend *Leadership Skills* für den Geschäftserfolg in Indien sind. Ich kann das nicht oft genug wiederholen. Denn wie sich täglich in Indien zeigt, verlassen sich europäische Geschäftsleute und Manager leider oft genug ausschließlich auf ihre Fachkompetenz.

➲ Tipp:

Dass eine Führungskraft in Indien jede Menge Führungserfahrung benötigt, heißt auch: Sie dürfen ruhig einen etwas älteren Manager oder Mitarbeiter nach Indien entsenden.

Dem Alter ist hier eindeutig der Vorzug vor der Jugend zu geben. Denn eine ältere Führungskraft

- bringt die benötigte Führungs- und Geschäftserfahrung mit;
- tritt toleranter auf als «ein Junger» – was bei den Indern sehr gut ankommt;
- hat mehr Erfahrung im Umgang mit dem Faktor Mensch, mit

Emotionen, Beziehungsgeflechten und Situationen, in denen es «menschelt»;

- hat graue Haare – und die stehen in Indien für Seniorität. Vor dem Alter hat der Inder Respekt. In Indien würde kein Mensch auf die Idee kommen, einen Mitarbeiter mit 50 Jahren in den Vorruhestand zu schicken.

Der Typ Chef, auf den die Inder stehen

Um die obige Checkliste auf einen bestimmten Typ Unternehmer oder Manager abzubilden: Der fürsorgliche Patriarch mit viel Verständnis für Andersartigkeit, der den verschiedenen Rassen unvoreingenommen und unparteilich gegenübertritt, kommt in Indien am besten an.

Auch ein einheimischer indischer Manager, der einen patriarchalisch fürsorglichen, väterlich-autoritären Führungsstil pflegt und darüber hinaus über Organisationstalent und Kompetenz in Self-Management verfügt, wird in Indien sehr erfolgreich führen.

Da Sie über kurz oder lang sowieso indische Manager einstellen werden, um sich wieder anderen Märkten und *Low Cost Countries* widmen zu können, ist es sinnvoll, sich schon frühzeitig nach einem indischen Manager umzusehen, der die genannten Skills mitbringt.

Umgekehrt heißt das: Der penible europäische Bürokrat, der verkappte kapitalistische Imperialist oder der sachorientierte Fachexperte können in Indien nicht sehr viel bewegen, weil sie mittelfristig nicht mit dem Faktor Mensch zurande kommen. Auch der junge, dynamische Nachwuchsmanager, der Indien als Entwicklungsland betrachtet, «den Einheimischen» mal zeigen will, «wie das bei uns so läuft», und alles besser weiß, läuft in Indien schnell gegen die Wand.

Trainieren Sie Fehlerkultur!

In Indien Mitarbeiter zu führen, wird Europäern auch durch die typisch indische Sitte erschwert, niemals einen Fehler rückzumelden oder zuzugeben.

Diese Sitte entstand durch die anhaltende Tendenz vieler indischer Führungskräfte, auftretende Fehler generell den eigenen Mitarbeitern in die Schuhe zu schieben. Aus diesem Grund praktizieren die meisten indischen Arbeitnehmer eine taktische Anpassung, die wir auch *Cover your Ass* nennen könnten: Sie versuchen mit manchmal bewundernswertem Einfallsreichtum und Engagement, eigene Fehler zu verdecken, zu vertuschen und totzuschweigen.

Es liegt auf der Hand, dass auf diese Weise recht schnell fast unlösbare Qualitäts- und Kostenprobleme entstehen. Denn wenn Mitarbeiter ihre Fehler nicht (rechtzeitig) rückmelden, können Fehler auch nicht rechtzeitig und kostenarm ausgebügelt werden.

Sie sollten ihnen immer und immer wieder sagen: «Fehler kommen vor. Fehler sind nicht schlimm. Aber Sie müssen mir Fehler stets offen und so schnell wie möglich melden, damit wir darüber reden und den Fehler ausbügeln können!» Wenn Sie es ihnen nur oft genug sagen, handeln indische Mitarbeiter schließlich auch danach. Unter einer Voraussetzung. Erraten Sie sie?

Indische Mitarbeiter melden Fehler nur dann offen und schnell, wenn Sie *Walk your Talk* praktizieren.

Das heißt: Wenn Sie einen Mitarbeiter «zur Schnecke machen», wenn er endlich unter größter Überwindung seiner nationalen Prägung einen Fehler schnell und offen rückmeldet, dann

- wird nicht nur dieser Mitarbeiter nie wieder einen Fehler melden,
- werden auch alle seine Kollegen wieder den Mund halten,
- wird Ihre Glaubwürdigkeit beschädigt werden.

Eine funktionierende Fehlerrückmeldung erfordert von Ihnen genauso viel Umstellung und Training wie von Ihrem indischen Mitarbeiter.

Denn auch in Europa ist es üblich, dass man spontan und unreflektiert erst einmal *Shoot the Messenger* spielt, wenn ein Fehler auftaucht. Diese unglückliche Tendenz sollten Sie sich vollständig abgewöhnen, wenn Sie in Indien Erfolg haben möchten.

Lieferanten führen

Wer in Europa einem Lieferanten einen Auftrag gibt, kann erwarten, dass dieser seinem Namen gerecht wird und liefert. Inzwischen haben viele europäische Firmen indische Lieferanten und erleben das Gegenteil. Oder wie ein Westmanager das ausdrückt: «Unser Inder liefert öfter, was er will und wann er will.»

Warum? Weil Indien ein Entwicklungsland ist? Weil Billigland eben nicht Qualitätsland ist? Weil der Lieferant schlecht ist? Im Gegenteil. Der Fehler liegt beim auftraggebenden Unternehmen.

Auch in Europa ist die Auftragsklärung zwischen Auftraggeber und Lieferant häufig schlecht. In Europa bügelt der Lieferant diesen Auftraggeberfehler jedoch meist stillschweigend aus. In Indien nicht. Da macht der Lieferant, was er will, wann er es will. Denn Inder sind exakte und umfassende Anweisungen gewohnt.

Kommen Sie vom europäischen Schlendrian runter und gewöhnen Sie es sich an, in Indien ohne Ausnahme

- eine professionelle Auftragsklärung zu machen, das heißt, bei der Auftragsübergabe möglichst keinen Punkt offen zu lassen nach dem Motto: «Der Lieferant weiß doch, was ich will!» Oder: «Mach doch mal schnell!»
- unmissverständlich und klar zu kommunizieren. Reicht dafür Ihr Business-Englisch?
- die komplette Auftragsklärung unbedingt schriftlich zu machen.

Weiß der Mitarbeiter, was zu tun ist?

Wenn Sie einem indischen Mitarbeiter eine Aufgabe delegieren, wird dieser niemals rückfragen – auch wenn er Ihre Delegation nicht im Mindesten verstanden hat.

Weil ihm die Aufgabe egal ist? Nein, weil es nach seinem Verständnis unhöflich und respektlos wäre, dem Boss eine Frage zu stellen.

Selbst wenn Sie dieses Problem antizipieren und den Mitarbeiter am Ende Ihrer Delegation fragen, ob er die Aufgabenstellung verstanden hat, wird er Ihnen mit «Ja!» antworten – auch wenn er nichts verstanden hat.

Denn auch hier empfände der Inder eine ehrliche Antwort als unhöflich. Glauben Sie also diese Antwort nicht unbedingt, sondern checken Sie es ab!

Westliche Führungskräfte und Geschäftsleute fallen darauf immer wieder herein. Wenn der indische Mitarbeiter dann ein völlig unzureichendes Arbeitsergebnis abliefert und damit demonstriert, dass er seine Aufgabe von vornherein nicht verstanden hat, können es Westler meist nicht fassen: «Aber er hat doch gesagt, dass er das verstanden hat!» Gesagt ja, verstanden nein.

Bei einer geringen Führungsspanne entschärft sich das Problem noch am ehesten von selbst: Je weniger Mitarbeiter Sie führen, desto eher kriegen Sie im täglichen Kontakt mit, wenn einer nicht ganz mitbekommen hat, was eigentlich sein Auftrag ist. Meistens sieht man das an der Mimik. Bei einer größeren Führungsspanne wirkt dieses Korrektiv jedoch nicht mehr zu Ihren Gunsten. Dann müssen Sie das Problem aktiv managen: Hier müssen Sie in umso kürzeren Abständen Ihre Delegationen kontrollieren, um rechtzeitig gegensteuern zu können.

Wenn indische Mitarbeiter Probleme mit dem Verständnis der ihnen delegierten Aufgaben haben, könnte man dann das Problem nicht einfach dadurch lösen, dass man sie nach der Delegation fragt, ob sie auch alles verstanden haben?

Das wäre die Triviallösung des Problems. Leider funktioniert sie hier nicht. Denn wenn Sie den indischen Mitarbeiter nach seinem Verständnis fragen oder ihn gar bitten – wie es manchmal in Ratgebern zu lesen ist –, dass er die Aufgabenstellung in seinen eigenen Worten wiederholt, dann

- fühlt sich der stolze indische Mitarbeiter gehörig auf den Schlips getreten.
- kann der Mitarbeiter möglicherweise Ihre Anweisung wortwörtlich wiederholen – aber kapiert hat er sie deshalb trotzdem nicht zwingend.

Ich weiß, dass viele westliche Geschäftsleute und Führungskräfte nicht gerne kontrollieren. Doch in Indien führt leider kein Weg an einer straffen, dichten und konsequenten Kontrolle der Delegation vorbei. Wobei ich aus meiner europäischen Beratungserfahrung heraus sagen muss, dass auch in Europa eine Kontrolle des Delegierten nützlich wäre. Selbst in Europa wird für eine effektive, effizient und professionelle Delegation zu wenig kontrolliert. Wer schon in Europa zu wenig kontrolliert, wird in Indien sein Waterloo erleben.

Kontroll-Intervalle

Man sollte meinen, dass jeder westliche Manager kontrollieren kann. In der Praxis sieht es anders aus. Da delegiert zum Beispiel der Manager eines norddeutschen Unternehmens einem indischen Manager ein Projekt mit einer Laufzeit von drei Wochen. Nach vierzehn Tagen schaut er mal beim indischen Kollegen vorbei, um nachzusehen, wie weit die Sache ist. Raten Sie mal, was er dabei erlebt …

Wenn ein Projekt drei Wochen läuft, kann man unmöglich erst nach zwei Dritteln der Laufzeit kontrollieren. Ein halbwöchentliches Kontroll-Intervall wäre hier eher angebracht. Warum tun viele Westmanager das nicht? Weil sie denken: «Ich habe das delegiert, also muss das auch gemacht werden.» Das mag in Europa gelten. In Indien nicht.

Je größer Ihre Führungsspanne ist, desto weniger werden Sie operative Vorgänge selbst kontrollieren und desto eher werden Sie kontrollieren lassen, nämlich den indischen Managerkollegen. Hört sich einleuchtend an? Ja, funktioniert aber nicht per se.

Indische Manager kontrollieren nur dann, wenn sie explizit dafür zuständig gemacht, dafür trainiert werden und darüber reporten müssen. Worin müssen sie trainiert werden? Darin, dass Zeit und Qualität für europäische Firmen wichtige Faktoren sind. Das weiß er nicht von alleine? Nein. Diese Frage stellt sich für einen Inder nicht. Denn er denkt sich naturgemäß: «Das kriegen wir schon irgendwie hin. Irgendwann ist noch immer alles fertig geworden. Und wenn das auch nicht perfekt wird, was solls? Hauptsache, es wird überhaupt fertig!»

Was heißt denn schon «fertig»? Die Definition von «fertig» lautet in Indien ganz anders als in Europa. «Fertig» ist in Europa eine Aufgabe dann, wenn 100 Prozent erreicht sind. Der Inder ist schon dann fertig, wenn er erst 40 bis 70 Prozent erreicht hat.

«The acceptance of mediocrity or less», sagte mir neulich ein indischer Freund, «genau das ist Indien.»

Es erleichtert Ihnen die Arbeit natürlich enorm, wenn Sie für die Positionen der operativen Führungskräfte indische Manager auswählen, die sich mit der europäischen Kultur auskennen, die wissen, was den Europäern im Business wichtig ist – zum Beispiel Qualität und Termintreue.

Kritik immer nur unter vier Augen!

Wenn trotz aller Kontrollen ein Mitarbeiter dann doch eine kritikwürdige Leistung vorlegt, lassen wir uns oft dazu verführen, ihm spontan Rückmeldung zu geben. Das kann schon in Europa äußerst unhöflich sein. Im asiatischen Raum dagegen ist es eine schwere Beleidigung:

Kritisieren Sie deshalb einen Mitarbeiter auf gar keinen Fall vor den Ohren anderer. Er verliert dabei sein Gesicht. Das bedeutet in der indischen Kultur eine schlimme Entehrung. Bevor Sie also jemanden spontan kritisieren, sorgen Sie erst dafür, dass Sie unter vier Augen sind.

Delegation per E-Mail

Das Delegationsdesaster tritt gehäuft bei Delegationen per E-Mail auf: Man arbeitet vom europäischen Mutterhaus beispielsweise mit einem IT-Team in Indien virtuell zusammen. Das Steuerungsgremium im Mutterhaus beschließt, dass ein Arbeitspaket geändert werden muss. Einer der Manager mailt den indischen Teamleiter an: «Bitte Arbeitspaket 45 so und so ändern.» Was passiert? Der Desasterfall tritt ein.

Der indische Teamleiter ignoriert die Anweisung glatt. Er lässt das Mail einfach liegen. Er mailt auch nicht zurück: «Was soll das?» oder «Seit wann haben Sie mir was zu sagen?» oder «Sie könnten uns ja zumindest vorher mal fragen!» Der Westmanager denkt natürlich: «Ich habe die Sache angewiesen, also läuft sie auch.» Weit gefehlt. Der Abgabetermin kommt und geht – das Arbeitspaket ist nicht fertig.

Der Manager im europäischen Mutterhaus kriegt so einen Hals und stellt den indischen Teamleiter telefonisch zur Rede. Jetzt rückt der Inder mit der Begründung für seine «Arbeitsverweigerung» heraus: «Sie dürfen mir so etwas doch gar nicht anweisen!» Der Westmanager versichert ihm zwar hundertmal: «Doch, doch, ich darf das, immerhin bin ich Leiter der Customer Support Group!» Doch das beeindruckt den Inder in keinster Weise. Warum nicht?

Weil Sie versäumt haben, ihm schon vor der Auftragserteilung die Hierarchie im Unternehmen zweifelsfrei und glasklar darzulegen und zu erklären, und das schriftlich. Mündlich allein reicht nicht.

Wenn in Europa ein hierarchisch Höherstehender irgendeinen Mitarbeiter anmailt und eine Aufgabe delegiert, dann macht der Mitarbeiter sie im Zweifelsfall lieber mal: «Man kann ja nie wissen ...» Der Inder macht in diesem Fall genau das Gegenteil: Er verweigert die Annahme (und schweigt sich darüber aus).

Wir hatten diesen Problemkreis schon in einem anderen Zusammenhang besprochen; er soll aber wegen seiner Bedeutung zur Erinnerung noch einmal aufgefrischt werden: Inder denken sehr hierarchisch. Noch viel extremer als die Deutschen. Um in unserem Beispiel zu bleiben: Dem indischen Teamleiter wurde niemals expressis verbis gesagt: «Auch der Leiter der Customer Support Group darf Ihnen Anweisungen erteilen!» Ihm wurde nie ein Organigramm ausgehändigt, auf dem der Leiter der Customer Support Group deutlich sichtbar mindestens eine Stufe über ihm angesiedelt ist. Aus diesem Grund fühlt sich der indische Teamleiter aber so was von im Recht, die Anweisung des deutschen Managers total zu ignorieren.

Wenn Sie also mit Indern arbeiten, regeln Sie von vornherein die Hierarchie penibel und geben Sie sie ihnen schwarz auf weiß. Und informieren Sie bei Änderungen sofort schriftlich den indischen Vorgesetzten. Erklären Sie deutlich: Wer darf wem anweisen und wer ist für was zuständig.

➲ **Tipp:**
Delegationen aus Europa sollten immer über die indische Führungskraft erfolgen.

Position schlägt Kompetenz

Eben weil Inder so hierarchisch denken, akzeptieren sie ihre Führungskräfte häufig nicht wegen deren überragender Fachkompetenz, sondern allein wegen deren vorgesetzter Position. Hierarchie und Position sind extrem wichtig in Indien. Deshalb müssen Hierarchie und Positionen in der Zusammenarbeit mit Indern stets völlig transparent und bekannt sein.

Eine ähnlich formale Sichtweise haben Inder auch vom Erfolg: Erfolg zeigt sich für sie am Geld. Die meisten Inder arbeiten, um Geld zu verdienen. Nicht, um sich selbst zu verwirklichen, einer erfüllenden Arbeit nachzugehen oder Spaß im Job zu haben. Das sind eher westliche Berufsmotive. Jedem Inder ist klar: «Man sucht die Selbstverwirklichung doch nicht im Beruf! Das macht man anderswo!»

Loyalität zwischen Arbeitgeber und Arbeitnehmer entstand früher in Indien dadurch, dass der Arbeitgeber seine Belegschaft auch mit Wohnungen versorgte und für die Bildung der Mitarbeiterkinder sorgte, ähnlich wie bei uns vor etlichen Jahren. Das hat sich sowohl bei uns wie auch in Indien inzwischen verloren. Kein Wunder, dass die Inder sich etwas entwurzelt fühlen und wenig Bindung an ein Unternehmen verspüren.

Auf einen Blick: Delegation und Kontrolle

Wenn Sie in Indien erfolgreich delegieren möchten, sollten Sie bei Ihrer Delegation stets vier Dinge klar zum Ausdruck bringen. Dem indischen Delegationsnehmer muss Folgendes klar sein:

- die Prioritäten des Auftrags
- Ziel und Inhalt der Aufgabe
- Sinn und Gesamtzusammenhang der Aufgabe
- Zeiten und Termine
- die (kurzen) Kontroll-Intervalle

Erledigt der indische Mitarbeiter seine delegierte Aufgabe zu Ihrer Zufriedenheit, ist *Motivation by Appreciation* angesagt. Sie sprechen ihm die verdiente Anerkennung aus.

Das sollte man als Vorgesetzter durchaus auch im Westen tun. Doch wie wir alle wissen, passiert das nur ausnahmsweise. Im Westen wird nach dem Motto anerkannt: «Nicht geschimpft ist gelobt genug» oder «Wenn ich nichts sage, ist alles in Ordnung.»

Westliche Mitarbeiter haben sich inzwischen an die mangelnde bis fehlende Anerkennung gewöhnt. Indische Mitarbeiter können Sie damit jedoch so massiv demotivieren, dass es sich in Leistung und Produktivität niederschlägt.

Man kann als Führungskraft mit Lob und Anerkennung so viel in Indien erreichen (vielleicht auch in Europa)! Die Inder kriegen nach eigener Meinung sowieso nie genug Anerkennung. Wer Leistung anerkennt, erreicht sehr viel mehr Produktivität und Qualitätssteigerung als jemand, der seinen Mitarbeitern nur sagt, was sie falsch machen.

Oder wie die Amerikaner sagen: Erwische sie beim Gutsein! Nicht wenn sie Fehler machen. Diese Führungstechnik fällt Westlern sehr schwer, weil wir meist fachlich unterwegs sind. Die viel wichtigere Beziehungsebene spielt in der westlichen Führung eine untergeordnete Rolle.

Bei der Anerkennung ihrer Mitarbeiter differieren Eigen- und Fremdbild von Westmanagern meist erheblich. Die meisten Manager behaupten: «Ich gebe genug Anerkennung!» Fragt man ihre Mitarbeiter, verdrehen die daraufhin nur enerviert die Augen. Deshalb sollten Sie Ihr subjektives Empfinden objektiv kultivieren: Anerkennung geben Sie dann genug, wenn Ihre Mitarbeiter das auch so empfinden.

Lob oder Anerkennung?

Eben weil Anerkennung im Westen so selten ist, wissen viele Geschäftsleute noch nicht einmal, was das ist. Sie verwechseln Anerkennung mit Lob. Überdies herrscht diesbezüglich ein erheblicher Begriffswirrwarr.

Lob ist pauschal: «Was seid ihr alle gut!» Weil das ziemlich schleimig klingt, erreicht es meist das Gegenteil. Der Mitarbeiter denkt dabei: «Der hat doch keine Ahnung! Der weiß doch gar nicht, was ich alles leiste!» Anerkennung dagegen ist konkret: «Sie haben Ihre Aufgabe termingerecht abgeliefert. Das finde ich Klasse!» oder: «Das ist sehr gute Qualität. Das freut mich sehr. Weiter so!» Eine so konkrete und aktuelle Rückmeldung akzeptiert der Mitarbeiter als Motivation.

Übrigens: *Motivation by Appreciation* kann man(ager) trainieren oder sich im Coaching aneignen.

Der Laden brummt eben nur dann, wenn Sie immer wieder mit Ihren indischen Mitarbeitern sprechen und Anerkennung geben. Das fällt vielen westlichen Geschäftsleuten und Managern schwer, weil sie es einfach nicht gewohnt sind. Die Worte kommen ihnen schwer über die Lippen. Vor allem kommen sie ihnen nicht oft genug über die Lippen.

In Indien sehen viele westliche Geschäftsleute nur die Chance für exorbitante Kostenvorteile und neue Märkte für ihr Unternehmen. Dass sie für die Realisierung von beidem ihren Führungsstil umstellen und sich unter anderem das Anerkennen angewöhnen müssen, sehen nur die wenigsten. Bezeichnenderweise sind jene, die das sehen, auch die erfolgreichen Businessleute.

Freundlich heißt nicht loyal

Wenn Sie dem indischen Mitarbeiter Komplimente machen und freundlich sind, ist auch er freundlich zu Ihnen. Aber schließen Sie von dieser Freundlichkeit nicht darauf, dass der Mitarbeiter Ihnen gegenüber auch loyal ist, bloß weil er nett ist.

Europäer sind es gewohnt, dass unzufriedene gute Mitarbeiter das Unternehmen verlassen. In Indien verlassen auch anscheinend zufriedene, nette, freundliche Mitarbeiter das Unternehmen.

Indische Mitarbeiter sind nicht nur deshalb freundlich, weil es ihnen so gut bei Ihnen gefällt, dass sie bleiben möchten. Sie sind vor allem deshalb freundlich, weil Sie der Boss sind.

In Indien gilt die Devise: Dem Chef gegenüber verhält man sich stets freundlich und respektvoll. Das erklärt auch, warum indische Mitarbeiter selbst jene Anweisungen ihrer Vorgesetzten wie die Roboter ausführen, die eigentlich fehlerhaft sind oder die erst an die jeweilige Situation angepasst werden müssten. Der Mitarbeiter sagt nicht: «Chef, das passt so nicht. Da müssen wir uns etwas anderes ausdenken.» Er denkt vielmehr: «Der Chef hat das so gesagt, also machen wir das auch so! Punktum. Basta.»

Inder sind polychron

Wenn Sie einem deutschen oder Schweizer Mitarbeiter drei Aufgaben delegieren, können Sie ziemlich sicher sein, dass er eine nach der anderen abarbeitet; schön der Reihe nach. Deshalb erleben es westliche Geschäftsleute als Schock, wenn sie mit Indern zusammenarbeiten.

Ein deutscher Geschäftsmann erzählte mir einmal: «Während ich mit meinem indischen Geschäftspartner redete, klingelte sein Telefon – er ging ran. Kurz danach brummte sein Handy – auch da ging er ran. Dann kam seine Sekretärin rein, und er unterhielt sich kurz mit ihr, unterschrieb nebenher seine Unterschriftenmappe – und das alles, während wir eigentlich mitten in der Verhandlung waren!» Dem Deutschen stockte der Atem. Er empfand das als Gipfel der Unhöflichkeit. Das war es nicht.

Inder sind nicht unhöflich. Sie sind polychron. Das heißt, sie machen gerne fünf Dinge gleichzeitig. Das irritiert Deutsche und Schweizer nur deshalb, weil beide Völker eher monochrones Vorgehen gewohnt sind: immer eins nach dem anderen. Deshalb kommen beide Völker auch nicht immer ganz klar mit den Italienern, die ähnlich polychron arbeiten.

Die heftigste Episode erlebte ich einmal auf einem *Business Summit*. Der indische Chairman eines Staatsunternehmens, das für Nuklearanlagen zuständig ist, hielt vor vollem Saal einen Vortrag. Da klingelte sein Handy. Ein Deutscher wäre rot angelaufen und hätte sich gewünscht, dass der Erdboden ihn verschlänge, weil er vergessen hatte, vor seinem Vortrag sein Handy auszuschalten. Der indische Redner jedoch kramte ungeniert sein Handy hervor, unterhielt sich kurz mit dem Anrufer – vor 400 verständnisvollen indischen Zuhörern! – und machte danach weiter, als sei nichts geschehen. Im Verständnis eines Inders ist tatsächlich nichts geschehen! Überflüssig zu erwähnen, dass die westlichen Zuhörer etwas irritiert reagierten.

Diese Anekdote beleuchtet auch einen anderen Aspekt der indischen Volksmentalität: Wer vor 400 Zuhörern ungerührt am Handy hängt, braucht, Polychronität hin, Monochronität her, eine gewaltige Portion Selbstbewusstsein. Inder haben sie. Die anwesenden europäischen Geschäftsleute interpretierten dieses Selbstbewusstsein größtenteils so: «Welche Arroganz!»

Was für Inder selbstverständliches Selbstbewusstsein ist, halten Europäer oft für unerträgliche Arroganz.

Wer in Indien erfolgreich sein möchte, muss lernen, «indisch» zu führen. Die Parameter des «indischen» Führungsstils haben wir in diesem Kapitel beleuchtet. Wenn Sie sie nach und nach anwenden, werden Sie bemerken, um wie viel leichter sich Ihre Geschäfte entfalten werden, wie viel eher Ihre indischen Mitarbeiter kapieren, was Sie von ihnen wollen – und es auch umsetzen.

13 Die Korruption

Die indische Politik und die Behörden sind ausgesprochen korrupt – und das empfindet jeder Inder als völlig normal. Sobald also eine Behörde oder ein Ministerium ins Spiel kommt: Rechnen Sie mit Korruption.

Angenommen, ein EU-Geschäftsmann verkauft Maschinen nach Indien. Er handelt dafür mit seinem indischen Käufer einen Deal aus. Alles läuft offen und ehrlich. Sobald die Lieferung jedoch die Grenzlinie zum öffentlichen Sektor überschreitet, beginnt die Bürokratie und damit die Korruption.

Indem die Maschinenlieferung des EU-Geschäftsmannes im indischen Zolllager ankommt, gelangt sie in den Einflussbereich der typisch indischen Bürokratenhaltung: «Das machen wir morgen! Das hat noch Zeit. Immer schön langsam.» Dann lässt man einen Container auch mal tage- oder wochenlang ungeöffnet auf dem Gelände stehen. Der indische Käufer kann den bürokratischen Prozess nur dadurch beschleunigen, dass er dem Zoll einen Besuch abstattet und etwas Geld mitnimmt. Diese Praxis hilft auch europäischen Firmen, die für ihre indischen Niederlassungen im europäischen Heimatwerk Ersatzteile bestellen. Aber: Gehen Sie nicht selbst mit der Geldbörse auf ein Amt.

➲ **Tipp:**

Wenn jemand mit einer Geldbörse auf eine Behörde geht, dann sollte das ein Inder sein.

Inder sind mit den Bakschisch-Gepflogenheiten besser vertraut. Wem von Ihren indischen Mitarbeitern vertrauen Sie? Wen können Sie schicken?

Jeder Inder kennt das Ausmaß der Korruption im eigenen Land. Nach außen, mit Fremden redet er darüber jedoch nicht. Dafür sind Inder zu gute Patrioten. Untereinander spricht man schon darüber – und wenn man seinen westlichen Geschäftspartner schon jahrelang kennt. Unter meinen indischen Geschäftspartnern und Bekannten sind viele, die sich hinter vorgehaltener Hand stinksauer über ihre korrupte Bürokratie äußern.

Trotzdem: Auch wenn Sie privat mit Behörden zu tun haben, beschleunigt ein Bakschisch den Prozess erheblich.

Wem wie viel geben? Schicken Sie einen indischen Freund oder Mitarbeiter vor, dem Sie vertrauen. Der kennt sich mit den gängigen «Tarifen» aus.

Korruption im Projekt

Nehmen wir an, ein Ministerium oder ein Staatsunternehmen schreibt ein Projekt, einen Tender aus. Dann kann es schon bei diesem ersten Schritt losgehen: Manche Tender sind von ihren technischen Spezifikationen so ausgeschrieben, dass nur ganz bestimmte Bieter überhaupt mitbieten können. Das heißt: Der implizit bevorzugte Bieter hat virtuos seine glänzenden Kontakte spielen und möglicherweise sein Bankkonto sprechen lassen, um die Ausschreibung in seinem Sinne von vornherein zu beeinflussen. Ein Verhalten, das aus ethischer Sicht fragwürdig, aus ökonomischer Sicht für ihn absolut rational und lohnend ist. *That's Business.*

Wer beim Tender mitbietet, reicht seine technischen Unterlagen ein, die vom Ministerium oder Staatsunternehmen dann selegiert und «shortgelistet» werden. Bei diesem Prozessschritt versuchen untergeordnete Beamte oder Manager oft, in den Bieterunterlagen Fehler zu finden, um die eine oder andere Firma zu eliminieren. Das lässt sich mit guten Kontakten verhindern.

Danach erfolgt das *Financial Shortlisting.* Der billigste Anbieter, der die technischen Spezifikationen erfüllt, bekommt den Zuschlag – und muss danach die Behörde «bezahlen». Das heißt, die Behörde erwartet eine «Schenkung» in Höhe eines bestimmten Prozentsatzes vom Auftragswert, der unter der Hand verhandelt wird.

Die Folge dieses Verfahrens, das übrigens nicht nur in Indien so praktiziert wird: Wer die Preise sämtlicher Mitbieter unterbietet, dazu noch die Behörde «bezahlen» muss und auch noch einen Gewinn für sein Unternehmen einfahren will, muss gezwungenermaßen bei der Qualität sparen. Das ist auch einer der Gründe, warum in Indien die Straßen so schlecht sind.

Die meisten Tender enthalten eine Klausel, nach der die ausschreibende Stelle den Tender jederzeit stornieren kann – und zwar ohne Angabe von Gründen und vor allem ohne Zahlung einer Stornogebühr.

Einer dieser ungenannten Gründe können die besseren Kontakte des zweitbilligsten Bieters sein. Zwar bekommt der billigste Bieter den Zuschlag. Jedoch nur deshalb, um kurz danach storniert zu werden, weil der Zweitplatzierte seine Kontakte und seine Börse hat spielen lassen.

Überflüssig zu erwähnen, dass dieser «Abschuss» dem billigsten Bieter immense Kosten verursacht, weil die Angebotserstellung für so ein Verfahren schon mal einen mittleren sechsstelligen Betrag kosten kann.

Die Folgen der Gewaltenteilung

Fast so schlimm wie die Korruption sind die Folgen der Gewaltenteilung. Viele ausgeschriebene Tender werden in Indien niemals realisiert, weil so viele Behörden zustimmen müssen. Dabei kommt es dann häufig zu Machtkämpfen zwischen den Ministerien. Viele Tender werden auch ausgeschrieben, bevor alle zuständigen Behörden um ihr Einverständnis gebeten wurden. Manche Projekte können darüber hinaus nur gestartet werden, wenn Privatinvestoren mitmachen, die jedoch nur dann mitmachen, wenn sie staatliche Unterstützung bekommen – ein Dilemma, das manche Projekte seit Jahren auf Eis hält. Viele Behörden schreiben auch munter Tender aus, obwohl sie überhaupt kein Geld für das Projekt haben!

Aus diesem Grund werden auch immer mehr Tender ausgeschrieben, die als BOO *(Build, operate, own)* oder als BOT *(Build, operate, transfer)* definiert sind. Das kann für Bieter sehr unattraktiv sein: Erstens muss man die komplette Investitionssumme vorstrecken und kriegt zweitens das Geld dann über eine Laufzeit von 20 bis 30 Jahren nur über die Nutzungsgebühren wieder herein.

Bei manchen Bundesstaat-Tendern muss erst die Zentralregierung zustimmen – und diese Zustimmung kann sie aus politischen Gründen zurückhalten, bis der politische Gegner im ausschreibenden Bundesstaat schwarz anläuft. Das nennt man Blockade-Politik. Der Tender, das Projekt, das öffentliche Interesse und oft auch die bietenden Firmen bleiben dabei auf der Strecke. Denn wer teures Geld ausgibt für Tender, die nie etwas werden, kann viel Geld verlieren. Unter diesen unsicheren Bedingungen erhebt sich die Frage: Lohnt es sich überhaupt, bei Tendern mitzubieten? Das aber kann man nicht generell beantworten. Bevor Sie mitbieten, sollten Sie sich bestens informieren.

Checkliste: den Tender prüfen

Bevor Sie bei einem Tender mitbieten, finden Sie heraus:

- Ist die Finanzierung für das Projekt sichergestellt?

- Sind die Garantien, die die Bundesstaaten oder Städte geben, nicht vielleicht wertlos?
- Sind alle zuständigen Behörden einbezogen?
- Haben alle grünes Licht gegeben, die was zu sagen haben?
- Ist das Projekt auch politisch gewollt?
- Wer könnte es «abschießen»?
- Wer hat die Macht über Sein und Nichtsein im Projekt?
- Ist das Projekt überhaupt rentabel für einen Bieter?

➲ Tipp:

Nur fünf von hundert Projekten sind wirtschaftlich interessant. Und nur eines von diesen fünf kommt durch. Aber dafür gibt es auch Hunderte Projekte zur Auswahl.

Das heißt: Wer in Indien mitbieten will, braucht gute Augen, um mit scharfem Auge die Nadel im Heuhaufen, das eine Projekt unter hundert zu finden, bei dem es sich lohnt, mitzubieten.

Einfuhrbedingungen

Beachten Sie, dass sich in Indien Einfuhrbestimmungen von heute auf morgen radikal verändern können. So geschehen bei den Einfuhrbestimmungen für Schrott. Jahrelang wurde Schrott aus Afghanistan importiert. Als sich unter den Einfuhren eines traurigen Tages Munitionsreste fanden, diese explodierten und eine ganze Menge Arbeiter töteten, wurde sofort ein Embargo auf internationale Schrotteinfuhren verhängt.

Als unschuldiges, betroffenes Unternehmen, das seit Jahren völlig harmlosen Industrieschrott aus der EU importiert, fährt einem da natürlich der Schreck durch alle Glieder: «Wir sind ruiniert!» Ruhig Blut! Nach wenigen Wochen fällt das Embargo so schnell, wie es verhängt wurde.

➲ **Tipp:**
Wenn die indischen Einfuhrbestimmungen schneller wechseln als die Gezeiten: Keine Panik! Sitzen Sie es aus.

Und aktivieren Sie Ihren indischen Partner. Es ist für europäische Unternehmen fast unmöglich, ohne indischen Partner irgendetwas zu importieren. Denn wenn tatsächlich mal wieder die Einfuhrbestimmungen geändert werden, weiß der indische Partner, wohin man gehen muss, er kennt die richtigen Lobbyisten, er aktiviert sein Netzwerk. Er weiß, wem man welchen Geldbetrag zukommen lassen muss, damit der normale Gang des Business wieder hergestellt wird.

Aus diesem Grund kann man auch nicht «mal schnell» in Indien einfliegen und ein Joint Venture gründen. Man muss monatelang dableiben, um die richtigen Kontakte zu knüpfen, die im Bedarfsfall dann das richtige Netzwerk aktivieren können.

Wie man einen Job kauft

Es ist in Indien Allgemeinwissen, dass indische Beamte, Polizisten und Mitarbeiter von Staatsunternehmen dafür bezahlen, bestimmte Posten zu bekommen. Das heißt, die Besetzung der Posten folgt nicht unbedingt Kriterien wie Leistung oder Kompetenz. Ein Polizist bezahlt zum Beispiel 5 Lakhs (zirka 8500 Euro), um in eine Touristengegend versetzt zu werden. Dort kann er dann «nebenher» gutes Geld verdienen, indem er Touristen abkassiert, indem er zum Beispiel gebührenpflichtige Genehmigungen für Beach-Partys ausgibt oder die Strafzettelvergabe etwas forciert. Manche Polizisten lassen sich auf diese Weise auch von einem Viertel, in dem vorwiegend arme Inder leben, in ein Stadtviertel mit reichen Indern versetzen.

Episoden über diese Ämterpraxis bekommt man in Indien immer wieder zu hören. Daneben sind sie auch regelmäßig in der Zeitung nachzulesen.

Lerne löhnen, ohne zu stöhnen

Um es auf den Punkt zu bringen: Korruption und andere lästige Erscheinungen gehören in Indien zum Alltag. Sie gehören zum Business. Sich darüber zu empören, bringt nichts. Besser ist es, wenn Sie sich damit auskennen. Das Business-Spiel hat in Indien eben besondere Regeln. Wer sie kennt, kann bei dem Spiel auch gewinnen. Wer glaubt, in Indien Erfolg zu haben, bloß weil er in Europa eine große Nummer ist, bezahlt dagegen teures Lehrgeld. Das indische Spiel hat eigene Regeln und favorisiert Spieler, die regelkundig sind. (Aber ist das nicht eigentlich überall so?)

14 Verträge und Geld

Viele westliche Unternehmen werden von ihren indischen Partnern regelrecht abgezockt. Wobei hier schon das Problem beginnt: Was wir Abzocke nennen, nennt der Inder Geschäftstüchtigkeit. Und je länger man in Indien lebt, desto eher tendiert man zur indischen Sichtweise und fragt sich: «Wie können Westler bloß so naiv sein? Glauben die denn immer noch, dass Indien ein Entwicklungsland ist?»

Ein bekanntes deutsches Unternehmen zum Beispiel beauftragt eine indische Firma, eine Vertriebsagentur zu gründen, um in Indien die Maschinen der Firma zu vertreiben. Die Agentur tut das auch. Aber nicht ausschließlich. Nebenbei nimmt sie stillschweigend noch Maschinen der Konkurrenz in ihr Angebot. Maschinen aus demselben Produktsegment, die kein bloßes Ergänzungsangebot, keine Sortimentsabrundung darstellen, sondern direkte Konkurrenzprodukte sind. Konkurrenz unter dem eigenen Dach, sozusagen. Das ist ungefähr so, als ob ein Münchner Daimler-Chrysler-Autohändler «nebenbei» noch BMW verkaufen würde.

Das Problem ist: Indien ist nicht München. Das auftraggebende deutsche Unternehmen bekommt monatelang nichts mit von der heimlichen Praxis ihrer indischen Agentur. Die Deutschen merken nur, dass die Verkaufszahlen zu wünschen übrig lassen. Was kein Wunder ist, wenn die Konkurrenz unter demselben Dach verkauft wird. Die Deutschen müssten schleunigst ihre eigene Agentur aufmachen – doch sie haben bei der Vertragsverhandlung nicht aufgepasst. Sie kommen nicht aus dem Vertrag raus. So geht es inzwischen einigen europäischen Firmen. Sie hängen fest in Indien. Eine neue Erfahrung für viele saturierte Westmanager: Man geht im Vorgefühl des kühnen Eroberers nach Indien, nur um vor Ort ausgenommen zu werden wie eine Weihnachtsgans …

➲ **Tipp:**

Wer mit indischen Partnern eine Geschäftsbeziehung eingehen will, sollte in den Vertrag eine Sunset-Regelung einbauen.

Also schon bei der Vertragsverhandlung einen vorab terminierten und geplanten Kündigungstermin einbauen; quasi einen geplanten Sonnenuntergang. Dem Inder wird das nicht schmecken. Er wird lieber auf immer und ewig seine Stopfgans behalten wollen. Doch genau dafür sind Verhandlungen da, um dem Inder klar zu machen, dass die Sunset-Kündigung ein Test für ihn ist: Ist er gut, wird der Vertrag über den Sonnenuntergang hinaus verlängert.

Wer sich nicht auf diese Weise schützt, kommt nie aus einem unvorteilhaften Vertrag raus – oder muss sich teuer freikaufen.

Tipps zur Vertragsgestaltung

- Handeln Sie Verträge mit indischen Geschäftsleuten prinzipiell nach internationalem, nicht nach indischem Recht aus.
- Regeln Sie von vornherein vertraglich, wie verfahren wird, wenn der Sohn vom Vater den indischen Partnerbetrieb übernimmt und eine ganz andere Linie fahren will.
- Regeln Sie vorab auch, wie verfahren werden soll, wenn Sie nicht zufrieden sind mit der Leistung des indischen Partners und den Vertrag aufkündigen möchten.
- Kündigen Sie den Vertrag, wenn das indische Unternehmen nicht performt – und warten sie nicht zehn Jahre!

So hat ein deutsches Unternehmen vor zehn Jahren einen Vertrag mit einem indischen geschlossen. Zehn Jahre lang hat der indische Partner nichts gemacht. Jetzt möchte ein anderes Unternehmen die Vertretung für den indischen Markt. Und auf einmal wacht der Inder auf und verweigert die Vertragskündigung.

Rechtliche Streitigkeiten in diesen Punkten können Unternehmen auf Monate, wenn nicht auf Jahre blockieren, wie die Erfahrung leider zeigt. Ganz abgesehen davon, dass solche Streitigkeiten sündhaft teuer sind. Gemessen sowohl an Prozesskosten als auch an entgangenem Umsatz.

Apropos Geld

Wenn wir gerade über Geld reden: In meiner Beratungspraxis stelle ich immer wieder fest, dass insbesondere mittelständische europäische Unternehmen bei Geschäften mit Indien finanziell oft drauflegen. Das sind zum Teil altmodisch geführte und strukturierte Firmen, die nicht über ein modernes Controlling und eine international denkende Finanzabteilung verfügen.

Wenn diese Firmen dann in Euro rechnen, die indischen Verträge jedoch in Dollar geschlossen werden, vergessen diese Firmen oft, sich mit Dollar einzudecken. Wenn man die Entwicklung des Euro gegen den Dollar betrachtet, kann man bei diesem leichtsinnigen Vorgehen leicht Haus und Hof oder zumindest die Gewinnmarge verlieren. Und genau das tun etliche Firmen derzeit …

15 Der Kulturschock

Gehen europäische Geschäftsleute nach Indien, durchleben sie in der Regel vier Phasen der Annäherung an das neue, fremde Land:

- Phase 1: Euphorie
- Phase 2: Kulturschock
- Phase 3: Annäherung
- Phase 4: Stabile Anpassung

In der Phase der *Euphorie* sieht man noch alles durch die rosa Brille des Neuen, Fremden, Geheimnisvollen. Die ersten Eindrücke sind überwältigend. Alles ist ungewohnt, interessant und spannend. Man ist angetan von der Vielfalt der Kultur, die Menschen sind so nett. Touristen bleiben meist bis zur Abreise in dieser Phase – oder verlassen das Land im Schock (Phase 2). Indien ist in dieser Hinsicht wie New York. Ich habe noch keinen Touristen sagen hören: «New York war ganz nett.» Von New York und Indien ist man entweder total begeistert, oder man findet es ganz fürchterlich.

Der eine erlebt den *Kulturschock* früher, der andere später. Man gerät in diese Phase meist dann, wenn etwas schief läuft im neuen Land, wenn die Kulturunterschiede nicht mehr als spannend und neu wahrgenommen werden, weil sie erste Probleme im Geschäftsablauf verursachen. Weil man plötzlich Dinge sieht, die man vorher durch die rosa Brille nicht wahrgenommen hatte und die einen jetzt schrecklich nerven:

- Die Inder wissen scheinbar immer alles besser und wollen uns ständig die Welt erklären.

- In dieser Phase empfinden Westler die Inder als überheblich, arrogant, unzuverlässig, bequem, unfreundlich und unverbindlich.
- Der Dreck auf der Straße nervt, der Gestank, das scheinbar schlechte Benehmen: Inder ziehen zum Beispiel die Nase hoch oder putzen sie ohne Taschentuch, sind unpünktlich und haben immer eine Ausrede, sagen selten «Bitte» und «Danke», drängeln in Bussen und Bahnen und allen Ausgängen, lassen alte Leute nicht vor …

Menschen reagieren sehr unterschiedlich auf diese Ernüchterung:
- Einige werten das bislang Übersehene ab: «Warum machen die Inder das? So ein Quatsch!»
- Andere stellen eine vermeintliche Überlegenheit zur Schau: «Denen muss mal jemand zeigen, wie das gemacht wird!»
- Wiederum andere bagatellisieren den offensichtlichen Kulturunterschied: «Ist alles nicht so schlimm! Das läuft doch überall auf der Welt gleich!»
- Viele machen sich lustig: «Wozu muss der Inder denn erst sein Horoskop lesen, bevor er unterschreibt?»

Alles in allem eine sehr emotionale Phase. Die meisten Menschen reagieren ungeduldig, frustriert, wütend, hilflos, genervt oder mit dem Gefühl: «Die sind alle gegen mich!»

Viele Geschäftsleute geben in dieser Phase auf.

Ich habe in dieser Phase etliche sagen hören: «Ich lebe lieber im Ghetto mit anderen Ausländern. Da regen mich die Inder wenigstens in meiner Freizeit nicht so auf.» Das ist menschlich schade und darüber hinaus nicht gut fürs Business. Wer wenig über Inder weiß, weil er sich nach Feierabend in seinem Westlerghetto verbarrikadiert, kann auch nicht wirklich gute Geschäfte mit Indern machen.

➲ **Tipp:**
Betrachen Sie die Kulturschock-Phase als Herausforderung.

Als Herausforderung, sich mit den als störend empfundenen Kulturunterschieden auseinander zu setzen. Dann gelangen Sie mit etwas Geduld in die nächste Phase.

Dann kommt sie nämlich sicher: die *Annäherung.*

Wer es schafft, die Ernüchterung des Kulturschocks zu überwinden, geht danach auf Entdeckungsreise. Er lernt Indien erst jetzt so richtig kennen, weil er es mit ganz anderen Augen sieht. Er lernt: Was ich an Indien wahrnehme, ist sehr subjektiv und hat oft mehr mit meiner eigenen als mit der indischen Kultur zu tun.

In dieser Phase beginnen wir, manche Dinge auch einmal aus indischer Sichtweise zu betrachten, die Realität eines Inders zu verstehen.

Wir gehen eine Wegstrecke in seinen Mokassins, wie das indianische Sprichwort sagt. Aus diesem Wechsel der Perspektive entsteht echtes Verständnis für Land und Leute.

- In dieser Phase stellen wir fest, wie schön das Land ist und wie viel Kultur es zu entdecken gibt, und verstehen, warum die Menschen darauf stolz sind.
- Wir stellen fest, wie zuverlässig Inder sein können, wenn wir sie richtig behandeln.
- Wir lernen Menschen kennen, die zuverlässig und ehrlich sind, bei denen ein Wort ein Wort ist.
- Wir haben «richtige» Freunde.
- Wir lernen vielleicht eine indische Sprache.
- Wir treffen warmherzige Menschen.
- Wir stellen fest, wie toll es ist, wenn «nichts mehr geht», in Indien immer noch etwas geht.

Angesichts dieser Entdeckungen machen wir unseren Frieden mit den kulturellen Unterschieden und Besonderheiten. Wir müssen uns nicht mehr darüber aufregen. Die Probleme mit den indischen Eigentümlichkeiten hören zwar nicht auf, doch wir können konstruktiver damit umgehen. Wir werten sie nicht mehr ab oder fühlen uns persönlich angegriffen.

In dieser Phase lernen wir verstehen, dass Missverständnisse und Unbehagen mit der indischen Kultur immer auch etwas mit uns selbst und unserer eigenen Sozialisation zu tun haben. Wir lernen in dieser Phase sehr gut, wie typisch deutsch, schweizerisch oder österreichisch wir denken. Und wir realisieren sehr deutlich, wie stark unsere Einstellung unsere Wahrnehmung beeinflusst.

In dieser letzten Phase, der *stabilen Anpassung,* hat der europäische Geschäftsmann immer öfter Erfolgserlebnisse mit den Indern und ihrer Kultur. Er kann auch in neuen Situationen auf bereits erworbene Erfahrungen zurückgreifen, ist sicherer geworden im Umgang mit Überraschendem. Er hat sich im eigenen Verhalten an die indische Kultur angepasst, fremde Kulturaspekte integriert und kann die kulturelle Vielfalt genießen.

Er gewinnt so etwas wie wertschätzende Akzeptanz der kulturellen Unterschiede. Vor allem versteht er, dass er nicht alles an der indischen Kultur verstehen kann oder muss, weil er in einem anderen Kulturkreis aufgewachsen ist. Dazu zählt zum Beispiel auch das unterschiedliche Verständnis von Zeit.

Wir haben die Uhren, die Inder die Zeit

Wir haben schon darüber gesprochen, dass Inder polychron denken und handeln (s. Kapitel 12, Abschnitt «Inder sind polychron», Seite 177 ff.). Das ist symptomatisch für ihr Zeitverständnis, das völlig von unserem abweicht.

Das westliche Credo lautet: «Zeit ist knapp, also nutze sie!»

Das indische Credo lautet: «Zeit ist genug da, also entspann dich!»

Inder leben nach diesem Credo. Sie

- hetzen und stressen bedeutend weniger als Westler (außer natürlich in den indischen Metropolen).
- kommen gern zu den meisten Terminen zu spät.
- liefern Terminsachen zu spät ab.
- halten vereinbarte Liefertermine nicht ein und wundern sich dann, wenn der Kunde sich aufregt. Ihr Standpunkt: «Was wollen Sie denn? Wenn das einen Tag später eintrifft, ist das doch nicht so schlimm!»
- werfen in letzter Minute monatelang im Voraus geplante Reisepläne oder Termine um.
- denken stark vergangenheitsorientiert, reden viel über ihre glorreiche Geschichte und große Tradition. Der Deutsche denkt eher (sorgenvoll) über die Zukunft nach. Besonders extrem ist diese Tendenz in den USA ausgeprägt. Dort wird kaum über die Vergangenheit, dafür umso mehr über die (erfolgversprechende) Zukunft geredet.

Das äußerst entspannte indische Zeitverständnis hat viel mit der Religion zu tun: Der Hindu hat dank Reinkarnation mehrere Leben zur Verfügung, also spielt die Zeit eines einzelnen Lebens keine so große Rolle für ihn. Das Hindiwort «Kal» bedeutet sowohl «gestern» als auch «morgen».

Das indische Kollektivdenken

Was Westlern in Phase 2 und 3 besonders stark auffällt, ist der indische Kollektivgedanke. Der Inder lebt immer in einer Gruppe, der er sich angehörig fühlt: Kaste, Großfamilie, Club … Das Individuum tritt stets hinter die Gruppe zurück. Erst kommt die Gruppe, dann der Einzelne. Der Einzelne richtet sich in seiner Meinung nach der Meinung seiner Gruppe.

In Westeuropa und den USA ist es genau anders herum. Hier wird eine Individualkultur gepflegt:

- Jeder achtet zuerst auf den eigenen Vorteil.
- Individuelle Interessen gehen vor Kollektivinteressen.
- Aufgaben gehen vor Beziehungen.
- Die Selbstverwirklichung des Einzelnen ist das ultimative Lebensziel und nicht die Zugehörigkeit zu oder der Konsens in einer Gruppe.

Die indische Kommunikation

Der indische Kommunikationsstil ist indirekt. Man gibt kein klares, direktes Feedback, weil man fürchtet, dass der Gesprächspartner dadurch sein Gesicht verlieren könnte. Außerdem unterstreicht der Inder sein Gesprochenes kaum durch Gestik, aber stark mit Mimik, was für Westler äußerst gewöhnungsbedürftig ist.

Ganz anders im Westen: Wir sagen, was wir denken – auch auf die Gefahr hin, dass wir den anderen verletzen. Wir konfrontieren direkt. Für uns ist das ehrlich, für Inder wirkt das verletzend. Und wir reden «mit Händen und Füßen». Das heißt, unsere Mimik und Gestik ist im Vergleich zur indischen stark ausgeprägt. Was wir für Gestik halten und schon gar nicht mehr bewusst wahrnehmen, sieht für den Inder manchmal wie wilde Fuchtelei aus.

Wo die Kulturen sich ähneln

In Deutschland, Österreich, der Schweiz und auch in Indien (hier allerdings schwächer) herrschen maskuline Kulturen in Bezug auf die vorherrschenden Werte:

- Unsere Sympathien gehören dem Starken, nicht den Schwachen.
- Durchsetzungsfähigkeit und Entscheidungsfreude sind wichtige Eigenschaften für Manager.
- Leistung, Fortschritt und Erfolg sind dominante Werte.

Eine durchaus materialistische Kultur, könnte man sagen. Die Menschen glauben, dass sie leben, um zu arbeiten. Sie genießen die Früchte ihrer Arbeit und stellen diese auch gerne zur Schau. Wohlstand und Reichtum gelten als erstrebenswert und gut. Arbeit, Erfolg und Geld sind keine notwendigen Übel, sondern wichtiger Lebensinhalt.

Was Inder über Deutsche sagen

Fragt man Inder, wie deutsche und deutschsprachige Geschäftsleute, Manager und Führungskräfte bei ihnen ankommen, sind die häufigsten genannten Attribute:

- rational (im Gegensatz zu emotional)
- sachlich, logisch, streng
- kleinlich, aber detailgenau
- wenig warmherzig oder beziehungsorientiert, aber fachlich kompetent
- kritisch und direkt, aber klar und offen
- häufig unfreundlich
- zurückhaltend, wenig locker
- sehr pünktlich, kaum spontan, ungeduldig
- ehrlich, aber undiplomatisch

Was Inder über Deutsche erzählen, ist für unser Bild in der Fremde sehr aufschlussreich. Hier einige Zitate:

- «Die kommen sofort auf den Punkt.»

- «Logik geht über Gefühl.»
- «Es gibt nur Ja oder Nein. Dafür halten sie, was sie versprechen.»
- «Sie reden wenig und fragen auch nichts Persönliches.»
- «Sie plaudern ungern. Das macht es schwer, sie richtig kennen zu lernen.»
- «Ein Kollege ist für sie kein Freund.»
- «Sie trennen Beruf und Privatleben.»
- «Die haben anscheinend wenig Freunde.»
- «Die schimpfen viel. Glücklich wirken sie nicht.»
- «Für alles braucht man bei ihnen erst einen Termin. Selbst im Privaten.»
- «Bei Abweichungen vom Plan werden sie leicht wütend.»

Ernüchternd, was die Inder von uns denken. Fast möchte man sich für seine preußischen Tugenden schämen. Wie können wir uns mit diesem Image überhaupt noch in Indien blicken lassen? Das geht besser, als man denkt. Inder können mit kulturellen Unterschieden sehr viel besser umgehen als wir. Sie sind sehr tolerant.

Sie können mit Andersartigkeit besser umgehen. Sie wissen, dass die Lebensrealitäten sehr unterschiedlich sein können. Das heißt aber nicht, dass sie sich auf fremde Realitäten einstellen. Wir gehen mit Indern jedenfalls sehr viel ungeduldiger und intoleranter um als Inder mit uns. Man darf sich auch als «typisch» Deutscher, Schweizer oder Österreicher in Indien blicken lassen.

Nachwort

Die Globalisierung hat uns alle erfasst. Heute suchen und haben schon Mittelständler Lieferanten, Outsourcing-Partner, Geschäftspartner oder Niederlassungen in Indien, ganz so, wie sie früher in aller Selbstverständlichkeit im europäischen Ausland, in Frankreich, Italien oder England, eingekauft haben. Doch genau das ist der springende Punkt: Indien ist nicht Italien oder England – auch wenn es schon dort gewaltige kulturelle Unterschiede gibt.

Der Unterschied zwischen einem britischen und einem indischen Lieferanten oder Geschäftspartner ist viel größer, als die meisten Unternehmen bislang annahmen. Die vielfältigen Probleme in den indischen Geschäftsbeziehungen, mit denen ich in meiner Beratungs- und Trainertätigkeit täglich konfrontiert werde, sprechen eine deutliche Sprache. Erst wenn diese Probleme und täglichen Schwierigkeiten ausgeräumt werden können, wird das geschäftliche Engagement in Indien so rentabel und stressarm, wie man sich das eigentlich wünscht. Zentrale Punkte bei dieser Problembewältigung sind:

1) Konzentrieren Sie sich nicht nur auf die fachliche Seite des Geschäfts mit Indien. Das geht in der Regel schief, weil es die kulturellen Störfaktoren ignoriert und Missverständnisse und Ineffizienzen geradezu provoziert.
2) Setzen Sie sich vielmehr eingehend mit der indischen Kultur und den typischen Geschäftsgepflogenheiten auseinander, wie sie in den vorangegangenen Kapiteln geschildert wurden.
3) Lassen Sie die europäische Besserwisserei stecken und üben Sie sich intensiv in Toleranz, Respekt und Geduld gegenüber der indischen Kultur.

Wenn Sie diese Tugenden pflegen, dann klappt es auch mit Indien. Dabei wünsche ich Ihnen viel Erfolg und Freude im Umgang mit indischen Geschäftsleuten und der indischen Kultur. Wenn ich Sie bei Ihrem Indien-Engagement und -Verständnis unterstützen kann, mache ich das gerne. Hier erreichen Sie mich:

Petra Mehl & Network
Organisationsentwicklung, Managementtraining & Coaching
Heilig-Kreuz-Straße 21
D-86152 Augsburg
Telefon: +49-821 15 53 89
Mobil: +49-171 674 95 06
Mail: info@petramehl.com
Homepage: www.petramehl.com

Anhang

Adressen

Deutschland

Deutsch-Indische Handelskammer/
Deutsch-Indisches Wirtschaftsbüro e.V
Citadellstrasse 12, 40213 Düsseldorf, Germany
Tel : + 49-211-36 05 97 /36 95 98 / 36 27 49
Fax: +49-211-350287
E-Mail: duesseldorf@indo-german.com

Indo-German Chamber of Commerce (AHK)
Indo-German Chamber of Commerce
Maker Tower «E», 1st floor, Cuffe Parade
Mumbai (Bombay) 400 005
Tel: +91-22 56 65 21 21
Fax: +91-22 56 65 21 20
E-Mail: bombay@indo-german.com
Delhi, Calcutta, Bangalore, Chennai

Schweiz

SICC Service Secretariat
c/o Osec business network Switzerland
P.O. Box 346
CH – 8035 Zurich / Switzerland
Tel: + 41 1 363 20 53
Fax: + 41 1 363 20 53
E-Mail: sicc@osec.ch

SICC Office Madras India
Mr. R. Muthu, Honorary Representative
«The Grove», 224, T.T.K. Road
Madras –600 018 / India
Tel: +91 44 433 2701
Fax: +91 44 434 2363
E-Mail: muthurama@eth.net

Österreich

ICC Austria
Internationale Handelskammer
Wiedner Hauptstraße 73
1045 Wien
Tel: +43 1 50105 - 3716 oder +43 5 90900 - 3716
Fax: +43 1 50105 - 3703 oder +43 5 90900 - 3703
E-Mail: icc@icc-austria.org
www.oesterreich.org/

Diverse

FICCI – Federation of Indian Chamber of Commerce & Industry
Federation House
Tansen Marg
New Delhi – 110001
Tel: + 91-11 23 73 87 60 to 70
Fax: + 91-11 23 32 07 14
E-Mail: secretariat@aioe.com

EU Chambers of Commerce in India
3rd Floor, Y B Chavan Centre
General J. Bhosale Marg,
Mumbai - 400 021
Tel: +91 22 22 85 45 63
Fax: +91 22 22 85 45 64
E-Mail: ceuc@vsnl.com

Confederation of Indian Industry (CII)
India Habitat Centre Core 4A
4th Floor, Lodhi Road
New Delhi 110003
Tel: +91 11 24 68 22 30-35
Fax: +91 11 24 62 61 49
E-Mail: ciico@ciionline.org
www.ciionline.org

Religionen in Indien

Indien weist eine große Religionsvielfalt auf. Die Hindus stellen mit über 80 Prozent die Mehrheit der Bevölkerung. Die Muslime sind mit etwa 13,4 Prozent die größte Minderheit. Sie wiederum spalten sich auf in 80 Prozent Sunniten und 20 Prozent Schiiten. Weiterhin leben 2,5 Prozent Christen, 1,9 Prozent Sikhs, 1 Prozent Buddhisten, 0,5 Prozent Jains, etwa 200 000 Parsen und 10 000 Juden in Indien.

Das Indu-Valley (bei Harappa) beherbergte eine der ältesten Zivilisationen der Welt 2500 v. Chr. Es wurde eine Urreligion (Paganismus) gepflegt. Zwischen 1500 und 1000 v. Chr. wanderten arische Hirtenkrieger von Persien, Armenien und Afghanistan nach Nordwest-Indien ein. Die Veden (Vedas), das literarische Zeugnis der vedischen Religion (das aus Büchern besteht), zeugen heute noch vom religiösen Glauben der Eroberer, gemischt mit der Urreligion. Dies waren die Anfänge des Hinduismus.

Der *Hinduismus* entstand aus einer Verschmelzung der vedisch-brahmanischen Religion der arischen Einwanderer mit den nicht-arischen Glaubensformen der Eingeborenen (Paganismus). Hinduisten anerkennen die Veden und glauben an die Wiedergeburt. Sie sind gesellschaftlich in einem Kastenwesen organisiert, weswegen eine Konversion für andere Menschen nicht möglich ist.

Etwa um 500 v. Chr. entwickelte Buddha seine Lehre. In dieser Zeit bekehrte sich Ashoka, ein indischer Prinz auf seiner Suche zum Buddhismus («Siddharta» von Hermann Hesse). Der *Buddhismus* wurde, unter anderem gefördert vom griechischen Herrscher Menander, zur wichtigsten Religion. Dies änderte sich etwa 100 v. Chr., als der Brahamanismus wieder an Stärke gewann.

Der Buddhismus strebte eine Wandlung der alten brahmanischen Kultur Indiens an. Der Gegensatz zwischen Buddhismus und Brahmanismus ist: Buddha lehnte das Kastensystem und damit die

Herrschaftsvorrechte der Brahmanen sowie die Autorität des Veda ab.

Buddha war jedoch immer tolerant und bekämpfte weder den Brahamanismus noch andere Religionen.

Heute schließt die Zugehörigkeit zum Buddhismus die zu anderen Religionen nicht aus (so sind viele Shintoisten in Japan gleichzeitig Buddhisten).

Bis zum 11. Jahrhundert n. Chr. schirmte sich ein hinduistisches Großreich gegen den vordringenden Islam ab.

Der *Islam* kam mit der ersten Welle der arabischen Eroberer im achten Jahrhunder n. Chr. nach Indien. Der Kampf um die Vorherrschaft zwischen Hinduismus und Islamismus dauerte durch die Jahrhunderte an. Als Vasco da Gama 1498 in Calicut (Kerala) landete, um Gewürze zu exportieren, traf er auf Christen. Denn schon 52 n. Chr. hatte der Apostel Thomas (später Hl. Thomas) das Christentum nach Kerala gebracht. In Kerala finden wir auch die älteste jüdische Gemeinde außerhalb Israels aus dem 1. Jahrhundert. Im 15. Jahrhundert begann dann die europäische Besiedlung Indiens durch Handelsniederlassungen der Niederländer, Portugiesen, Franzosen und Briten.

Der *Sikhismus* entstand zum Ende des 15. Jahrhunderts im Norden Indiens mit der Intention, die religiösen Auseinandersetzungen zwischen Hindus und Muslimen zu schlichten. Die Sikhs gewannen großen Einfluss in Punjab (Nordindien). Sie sind für die Abschaffung des Kastenwesens. Sie glauben an einen Kreislauf der Wiedergeburt, aus dem man erlöst werden kann. In den 1980er-Jahren forderten die Sikhs einen unabhängigen Staat für sich. Dies führte zu gewalttätigen Eskalationen zwischen Sikhs und Hindus. Seit dem 17. Jahrhundert tragen Sikhs ein Schwert und einen Turban, unter dem sich das ungeschnittene Haar befindet. Es gibt aber auch Sikhs, die ihre Haare schneiden, die nennt man Mona-Sikhs.

Der *Jainismus* entstand parallel zum Buddhismus. Seine Ziele sind: Befreiung des Menschen aus dem Geburtenkreislauf durch rechte Erkenntnis, rechtes Handeln und Askese. Die Jains lehnen die hinduistischen Veden ab. Der Jainismus hat Ähnlichkeiten mit dem Buddhismus, ist aber eine eigenständige Religion. Er spaltet sich in zwei Gruppen auf, die «Luftbekleideten», die das Tragen von Kleidung ablehnen, und die «Weißgekleideten», deren Anhänger sich weiß kleiden.

Die etwa 200 000 Parsen (Parsis), die in Indien vor allem in der Gegend von Mumbai leben, sind Anhänger des *Parsismus*. Diese Religion ist geprägt von einem Dualismus zwischen einem guten und einem bösen Gott, denen jeweils ethische Handlungsmuster zugeordnet werden. Nach Zarathustra, dem Begründer des Parsismus, kann der Mensch zwischen diesen beiden Prinzipien wählen. Die Parsen (Parsis) gelten allgemein als weltoffen und leben zum großen Teil in Wohlstand. Sie sind im 7./8. Jahrhundert aus dem Iran (Persien) geflohen. Der Vater überträgt die Religion. Man kann kein Parsi werden.

Namen in Indien

Ambani, aus Gujarat (Westen Indiens)
Arora, aus Punjab (Norden Indiens)
Basu, aus West-Bengalen (Norden Indiens), vielleicht aus Kalkutta.
Bhattacharya, aus Karnataka (Südwesten Indiens)
De Souza, aus Goa (christliche Familie)
Deshpande: entweder aus Maharashtra oder Nord-Karnataka
Fernandes, aus Goa (christliche Familie)
Gandhi, aus Gujerat
Gujral, aus Punjab (Norden Indiens)
Gupta, aus dem Norden.
Hegde, aus Karnataka
Iyenger, aus Tamil Nadu
Iyer, aus Tamil Nadu
Jain, aus Gujarat
Kaldeira, aus Goa (christliche Familie)

Khan, ursprünglich aus Afghanistan (Moslems)
Krishna, entweder Andhra Pradesh oder Karnataka
Kumars, überall.
Mehra, aus Punjab (Norden Indiens)
Metha, aus Gujarat
Mukerjee, aus Westbengalen, vielleicht aus Kalkutta.
Murthy, aus Tamil Nadu
Naik, meist aus dem Konkan-Küstengebiet, das sich von Gujarat
bis Karnataka erstreckt
Nanda, aus Punjab (Norden Indiens)
Nandu, aus Punjab (Norden Indiens)
Narayan, aus Tamil Nadu
Pai, meist aus dem Konkan-Küstengebiet, das sich von Gujarat bis Karnataka erstreckt
Patel, aus Gujarat
Patils, aus Maharashtra oder Nord-Karnataka
Pinto, aus Goa (christliche Familie)
Rama Krishna, aus Tamil Nadu (Südosten Indiens)
Rao, aus Karnataka oder Andhra (Norden Indiens)
Rebello, aus Goa (christliche Familie)
Reddy, aus Andhra Pradesh
Roderigues, aus Goa (christliche Familie)
Salgokar, aus Goa
Sen, aus Westbengalen, vielleicht aus Kalkutta.
Shaikh, aus Gujarat (Moslems)
Sharma, aus dem Norden
Sheth, aus Gujarat
Shetty, aus Mangalore
Singh, aus Punjab (Norden Indiens)
Subramanian, aus Tamil Nadu
Tagore, aus Westbengalen, vielleicht aus Kalkutta.
Thakkur, aus Uttar Pradesh (Norden Indiens)
Timblo, aus Goa
Vinod, aus dem Süden von Indien
Yadav, entweder aus Uttar Pradesh (Norden Indiens), Madhya Pradesh oder Bihar

Literatur zu Indien

Politik

Ali, Tariq: Die Nehrus und die Gandhis. Eine indische Dynastie. Kreuzlingen/München 2005.

Ali, Tariq: Fundamentalismus im Kampf um die neue Weltordnung. Die Krisenherde unserer Zeit und ihre historischen Wurzeln. München 2003.

Bhattacharyya, Harihar: India As A Multicultural Federation. Asian Values, Democracy And Decentralisation (In Comparison With Swiss Federalism). Basel 2001.

Das, Gurucharan: The Elephant Paradigm. Delhi 2002.

Francel, Francine R.: Dominance And State Power In Modern India : Decline Of A Social Order. Delhi/Oxford 1989/1990.

Frank, Katherine: Indira. The life of Indira Nehru Gandhi. London 2002.

Lapierre, Dominique: The City of Joy. New York 1985.

Wamser, Johannes/Sürken, Peter: Wirtschaftspartner Indien. Stuttgart 2005.

Reise

Altmann, Andreas: Notbremse nicht zu früh ziehen!. Mit dem Zug durch Indien. Reinbek 2003.

Aubert, Hans-Joachim von: Nord-Indien. Köln 2002.

Bourne, Samuel: Sieben Jahre Indien. Photographien und Reiseberichte 1863-1870. München 2001.

Dix, Thomas/Köber, Andreas/Herdrich, Walter: Reise durch Indien. Würzburg 2005.

India. Lonely Planet, 2002.

Schroll-Machl, Sylvia: Die Deutschen – Wir Deutsche. Göttingen 2002.

Kultur

Aurobindo, Sri/Huchzermeyer, Wilfried: Die Grundlagen der indischen Kultur und die Renaissance in Indien. Gladenbach o.J.

Baumer, Thomas: Handbuch Interkulturelle Kompetenz. Zürich 2002.

Baumer, Thomas: Handbuch Interkulturelle Kompetenz, Band 2. Anforderungen, Erwerb und Assessment. Zürich 2003.
Hofstede, Geert: Cultures and Organizations. New York 1997.
Krack, Rainer: Kulturschock Indien. Bielefeld 2004.
Trompenaars, Fons: Business weltweit. Hamburg 2004.

Religion und Philosophie

Bareau, André/Schubring, Walther/Fürer-Haimendorf, Christoph von: Die Religionen Indiens 3. Buddhismus, Jinismus und Primitivvölker. Stuttgart 1964.
Bhagavad-Gita: As it is. Los Angeles 1989.
Finlay, Hugh: Indien-Handbuch. Neukirchen 2000.
Freeman, Michael: India Modern. London 2005.
Jesuit Scholars: Religious Hinduism. St. Paul Publications, 1968.
Naipaul V.S.: Beyond Belief. New York 1998/deutsch: Jenseits des Glaubens. Eine Reise in einen anderen Islam. München 2004.
Zimmer, Heinrich: Philosophie und Religion Indiens. Frankfurt a.M. 2001.

Geschichte

Giertz, Gernot (Hrsg.): Vasco da Gama. Die Entdeckung des Seewegs nach Indien. Ein Augenzeugenbericht 1497-1499. Lenningen 1990.
Hinüber, Oskar von: Indiens Weg in die Moderne. Geschichte und Kultur im 19. und 20. Jahrhundert. Aachen 2005.
Rothermund, Dietmar: Geschichte Indiens. Vom Mittelalter bis zur Gegenwart. München 2002.
Sastri, K.A. Nilakanta: Advanced History of India. Allied Publishers Ltd., 1970.

Überblick

Bose, Sisir Kumar: Netaji Subhas Chandra Bose. National Book Trust India, 1986.
Stang, Friedrich: Indien. Geographie. Geschichte. Wirtschaft. Politik. Darmstadt 2002.